カタツムリ
陸の貝のふしぎにせまる

中山 れいこ 著
アトリエ モレリ 制作
中井 克樹 監修
滋賀県立琵琶湖博物館 主任学芸員

カタツムリは、むかしから詩歌や絵に描かれてきた生き物です。しかし、実際の姿はあまり知られていません。ある日「この生き物はどのように生きているのだろう？」と思い、それから10年、カタツムリの祖先のことや、すむ場所、何を食べ、どのように子孫を残しているのかなどを調べ、飼育して観察しました。そして、この命を次の世代につなげていきたいと考えて、本にしました。身近な自然の宝物を見つめる参考にしていただければうれしいです。

中山れいこ

Kurosio くろしお出版

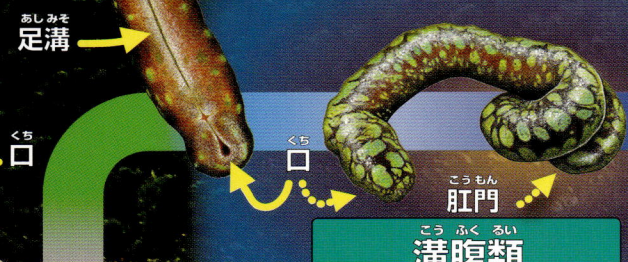

足溝

口

口

肛門

カセミミズ ×1.0
雌雄同体。エサとなるサンゴのなかまに巻きついています。

溝腹類 カラをもたず、やわらかく細長い体をしたなかま

肛門

×3.0

ケハダウミヒモのなかま
海底のどろにもぐっています。

尾腔類 カラをもたず、体がたくさんの小さなトゲでおおわれているなかま

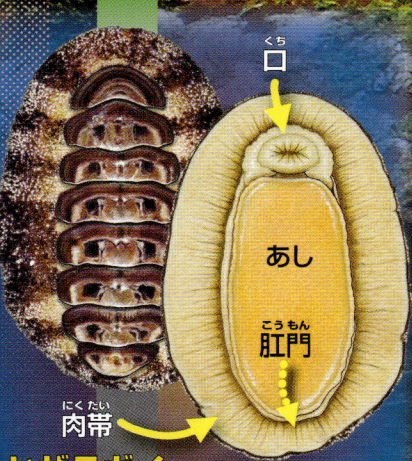

口

あし

肛門

肉帯

ヒザラガイ ×1.0
はばの広いあしと、そのまわりの肉帯で磯の岩にはりついています。

多板類 背中に小さなカラが8枚ならぶなかま

海から陸へとひろがる
←「軟体動物」のなかまたち

軟体動物は海でうまれ、多様な8つのグループに進化しました。どのグループも体内に骨がなく、多くはやわらかい体を包むカラがあります。その中から、巻貝(腹足類)と二枚貝(斧足類)は、池や湖、川などの淡水にもひろがりました。そして、巻貝だけが陸にのぼりました。

もくじ ●身近なカタツムリを見つけて未来につなげよう

カタツムリは陸にすむ巻貝　3

I. カタツムリとは／どんな生き物かな？ ……………………… 4
　陸にすむ貝(陸貝)の2つのグループ　6

II. 地域ごとに多様なカタツムリの色と形／どこにすんでいるのかな？ …… 10
　北海道から沖縄まで全国にくらすカタツムリのなかま　12
　島ごとに種類がちがう南西諸島のヤマタカマイマイ　21
　全国各地で見られる小さなカタツムリ／外国のカタツムリ　22

III. 体のつくり／カラは固い？やわらかい？ ……………… 24
　体とカラ、頭のてっぺんからあしの先までのようす　26
　すむ場所でちがう色ともよう　32

IV. 飼育と観察で見えてくる生態／落ちているカラのサインは何？ ……… 34
　清潔な飼い方　36
　ふ化と成長／卵生と卵胎生　38
　何を食べるのだろう？／口の中のようす　40
　交尾と恋矢を見るために　42
　野外での観察、カタツムリの敵　44

V. 人間とのかかわり／希少種・絶滅危惧種とは？ ……… 46
　庭先にすむカタツムリ　48
　身近な絶滅危惧種を知り、地域でできる保護を考えよう　50
　保護へのとりくみ　52

さくいん……53　　監修のことば……54　　あとがき／謝辞・参考文献……56

単板類 皿のようなカラが1枚のなかま

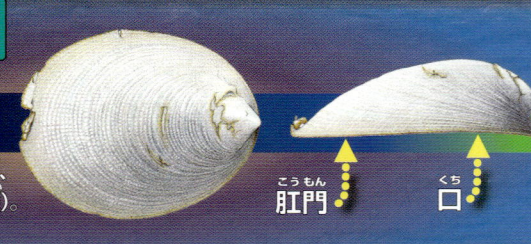

セイスイガイ ×8.0
海底の石の裏側にはりついています。
●2009年日本近海(三重県伊勢湾沖)で発見された新種、学名はまだついていません(2011年現在)。

肛門　口

カタツムリは陸にすむ巻貝

　軟体動物は、波打ち際から深海まであらゆる海の底にすみ、水中を泳ぐものもいます。カラをもたない祖先のグループから、カラをもついくつものグループがうまれ、その中には、カラを失う方向へ進化したものもあります。

　ここに描いた8つのグループは、生活のしかたがそれぞれちがい、カラや目、あしのようす、口と肛門の位置にも特徴があります（口や肛門が見えない場合は、おおよその場所を点線の矢印でしめしました）。

　とくに腹足類は、巻いたカラをもつので巻貝とよばれ、いろいろな形への進化が見られます。カラにトゲのはえたサザエ、カラの口が大きく開き、巻いた貝とは思えないアワビ。さらにカラを退化させ、「生きた宝石」ともよばれるウミウシや、つばさのように変化をしたあしで、水中を泳ぎまわるハダカカメガイ（クリオネ）も、巻貝のなかまです。

　このように水中で多様な生き方をする巻貝の中から、陸上にすめる体へと進化したなかまが、カタツムリやナメクジ、ヤマタニシなどの陸産貝類（以後、陸貝と記します）です。

　この本を書くにあたり、全国各地の代表的なカタツムリや陸にすむ巻貝のなかまを飼育観察しました。ふだん目にしないカタツムリの生態をとおして、生息環境の保全や外来種の問題など、身近な自然環境を見つめなおす提案をしています。

腹側（あしの裏）から見たカタツムリ
「カタツムリ」とは、カラを丸く巻いた陸にすむ巻貝の、なかまの総称です

ヒダリマキマイマイ ×1.0 雌雄同体 （→P.14）

腹足類
巻いたカラをもつなかま

ハダカカメガイ（クリオネ） ×1.0 雌雄同体
カラがなく、つばさのようなあし（翼足）で、水中を泳ぎます。

タコブネ ♀ ×1.0
海中をただよいながら、メスはあしから材料を出し、卵を育てるカラをつくります。

掘足類
先が細くなった筒状（角型）のカラをもつなかま

ヤカドツノガイ ×2.4
海底の砂やどろにもぐっています。

斧足類（「おのあしるい」ともよびます）
ちょうつがいで結びついた2枚のカラをもつなかま

アサリ ×1.0
浅い海底の砂にもぐっています。カラのもようはさまざまです。

頭足類
よく発達したたくさんのあしをもつなかま

どんな生き物かな？

「カタツムリ」は、小さな子どもでも絵に描くことができるような、日本人にとってなじみ深い生き物です。しかしどのような生き物なのかは、あまり知られていません。1960年代くらいまでは都会の住宅地の庭先や野原でも、かんたんに見つけることができましたが、2000年代になると見つけることがむずかしくなりました。それでも、気をつけてさがしてみると、身近な場所でカタツムリが、見つかることがあります。

カタツムリがどこでどんな生き方をしているのか、この本を参考にして確かめてみましょう。

1 カタツムリはニックネーム

「カタツムリ」「デンデンムシ」、そのほか地方によっていろいろなよび方があります。多くの種類には、「〜マイマイ」という名前（和名➡P.9欄外）がついています。

2 カタツムリとナメクジ

カタツムリのカラは体の一部です。はるかむかし、カタツムリのなかまがカラを退化させ、ナメクジ（➡P.8）に進化しました。

3 ヤドカリとカタツムリ

カニのなかまのヤドカリは、成長にあわせてカラをとりかえます。カタツムリのカラは体と一緒に成長し、ぬげません（➡P.28）。

Ⅰ カタツムリとは

貝類は、昆虫類の次に種類が多い動物です。日本では、カタツムリなどの陸貝はとても多様で、大きさが2mm以下のものから70mm近いものまで、およそ1000種類が知られています。
この本では、ほぼ全国に見られ、成長すると大型になる、身近なマイマイ属を中心に紹介します。

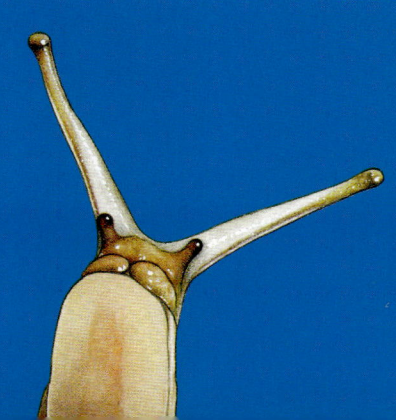

②キセルガイ　日本のキセルガイはすべて左巻き⁶

キセルガイは、「煙管」（たばこをすうための道具）に似た姿をしています。
人々の身近な場所にいても、あまり目立たない種類です。

「煙管」そっくりな、横から見た姿

×1.5

ミカドギセル　キセルガイ科
本州（岐阜・滋賀・三重）の石灰岩地にのみ分布。
落ち葉でおおわれたガレ場などに生息。

準絶滅危惧

×1.5

ナミコギセル　キセルガイ科
本州（関東から中国）・四国に分布。
森林から、比較的開けた環境にまで生息。

ナタマメギセル　×1.0
キセルガイ科
長崎（下甑島）にのみ分布。
広葉樹林の林床⁸に生息。

絶滅危惧Ⅱ類

×1.0

オオギセル
キセルガイ科
本州（関東以西）・四国に分布。
森林の朽ち木や落ち葉の下、ガレ場などに生息。
長さ50mm前後まで育ちます。

×1.0

ナミギセル
キセルガイ科
本州・四国・九州（北部・中部）に分布。
森林から比較的開けた環境にまで生息。

×1.0

ハコネギセル
キセルガイ科
本州（関東西南部・静岡東部）に分布。
林床の朽ち木や落ち葉の下、大木の幹にも生息。

絶滅危惧Ⅰ類　×1.0

タイシャクギセル
キセルガイ科
本州（岡山・広島）の石灰岩地にのみ分布。
落ち葉でおおわれたガレ場、石灰岩の岩壁に生息。

絶滅危惧Ⅰ類　×1.0

リュウキュウギセル
キセルガイ科
沖縄島（北部・中部）の石灰岩地にのみ分布。
林床のガレ場や石灰岩の露頭⁹に生息。

キセルガイの観察ポイントは「左巻き」→

細く長いカラの陸貝を見つけたら巻き方を見ます。
下はキセルガイと見まちがえやすい右巻きの種類。

淡水の巻貝
カワニナ　×1.0 
カワニナ科
北海道南部から沖縄県に分布。
河川・湖沼に生息。
触角が2本のグループ

キセルガイモドキ
キセルガイモドキ科
本州・四国・九州に分布。
広葉樹林の林床に生息。
特に石灰岩地帯に多い。

オカチョウジガイ（→P.22）　×1.0

トクサオカチョウジガイ（→P.48）　×1.0　外来種

繁殖力の強い外来種
オオクビキレガイ（→P.19）　×1.0　外来種

---

⑥左巻きの中に、突然変異の右巻きを発見➡2010年この本の監修者により、京都の住宅地の草地で「ナミコギセルの右巻き」が、1匹発見されました。
⑦ガレ場➡山岳用語で、斜面がくずれ、岩石がごろごろしている場所のこと。　⑧林床➡林の中の地面のこと。
⑨露頭➡野外で、地層や岩石が露出している場所のこと。発掘や工事現場などで、人工的に露出している場所もふくみます。

③ ナメクジ　カタツムリがカラを退化させて、ナメクジに進化しました
(アシヒダナメクジ(→P.19)のなかまをのぞく)

ナメクジには、小さな平たいカラを体の内・外にもつ種類と、カラをまったくもたない種類があります。成長しても、カタツムリのように体を全部かくせるほど大きなカラをつくることはありません。

コウラナメクジのなかまには背中の外套膜(→P.26)の下にうすく平たいカラがあります。このカラをコウラとよびます。

×2.0

呼吸孔(→P.27)の中に肛門があります
肛門はフンが出るときだけ、このあたりの少し奥の側面に開きます。

口
目
カタツムリよりも短めの小触角です。

外来種
チャコウラナメクジ ×3.0
コウラナメクジ科
ヨーロッパ原産の外来種。日本各地に複数種が定着。人家の庭先や田畑に生息。

あし

ナメクジの観察
ナメクジに塩をかけると、とけたように見えます。これは浸透圧②の作用で水分が体から引き出されるためで、水分が多い体だということがわかります。

落ち葉や石、植木鉢の下で、乾燥から体を守ります

ナメクジは背中に固いカラがないので、わずかなすき間にももぐりこむことができます。また、外来種のナメクジは、農家や園芸家の駆除対象となることがあります。
アシヒダナメクジ(→P.19)のなかまは、海でカラを退化させて陸にあがったグループです。内臓の位置などは祖先種に近く、肛門は体の後ろはしにあります。

①呼吸孔の中にある肛門➡カタツムリ、キセルガイ、ナメクジなどの触角を4本もつグループは、閉じたり開いたりする呼吸孔の中に肛門が開きます。肛門は見えませんが、フンが呼吸孔から出るようすは観察できます。　②浸透圧➡物理化学の用語です。ここではナメクジがとける感じを、感覚的に単純に説明します。ナメクジの細胞の中の水分が、細胞の外にあるこい塩分をうすめようとしてしみ出すので、とけたように見えるのです。

2. 触角が2本のなかま ヤマタニシなど

触角が2本の陸貝のグループは、前鰓亜綱の原始腹足目(ヤマキサゴ(➡P.22)ほか)と、中腹足目(ヤマタニシやヤマクルマガイ、ゴマガイ(➡P.22)、アズキガイ(➡P.52)ほか)に分類されます。

目は触角の根元にあり、カラにフタがあります
フタにはいろいろな形があります

×2.0
カラに入り
フタを閉じたようす。

×2.0
あしの上のフタを
上から見たようす。

平らな皿のような形
成長脈(➡P.27)の渦巻が見えます。

ヤマタニシ ×2.0
ヤマタニシ科
本州(中部以南)・四国・九州に分布。
森林の落ち葉や砂利でおおわれた地面に生息。

準絶滅危惧

アオミオカタニシ ×2.0
ヤマタニシ科
南西諸島(沖縄諸島以南)・台湾に分布。
石灰岩地帯の森林内や林縁の草の上などに生息。

×2.0
カラに入り
フタを閉じたようす。

とんがり帽子のような形

×2.0
あしの上のフタを
横から見たようす。

ヤマクルマガイ ×2.0
ヤマクルマガイ科
本州(中部以南)・四国・九州に分布。
森林の落ち葉や砂利でおおわれた地面に生息。

触角が2本の陸貝は、海や淡水の巻貝と似た名前

「ヤマタニシ」や「ヤマキサゴ」という和名は、淡水貝の「タニシ」や、海にすむ「キサゴ」に見かけが似ているためにつけられたものです。このような和名のつけ方は、陸貝のほかにも多く見られます。

このグループは触角が4本のグループとちがい、「雌雄異体」でオスとメスがいます。

---

③ 原始腹足目➡新しい分類では、アマオブネガイ目とされています。 ④ 中腹足目➡新しい分類では、原始紐舌目(げんしちゅうぜつもく)とされています。
⑤ 林縁➡森林が、草地や裸地に接する境目の部分のこと。明るい環境と暗い環境があり、林内とはちがう多様な動植物が見られます。
⑥ 和名➡生物の種、鉱物などにつけられた日本語での名前。一般に使用されている習慣的な名称です。

どこに すんでいるのかな？

カタツムリは、日本全国の海ぞいから山地の奥深くまで、広い地域にすんできました。粘液で包まれた水分の多い体は、乾燥している地面や、道路をこえて移動できません。一度地面が掘り返されるとカタツムリはいなくなります。あとから植えた木々が育っても、もとからいたカタツムリのなかまはもどれず、乾燥に強い種類（おもに外来種）がやってきます。むかしからの木立が残り、落ち葉がつみ重なって地面になっている、鎮守の森のような環境には、カタツムリがいるかもしれません。まず、カタツムリがくらしている証拠を、身のまわりの緑地でさがしてみましょう。

1 落ちているカラと「はみあと」

カタツムリは死ぬとカラが残ります。カラが落ちていたり、「はみあと（→P.26）」があれば、近くにいるかもしれません。

2 雨ふりや雨上がりに活動

春から秋まで湿度の高い夜に活動するので、朝早く、かくれる場所に移動するところが見られることもあります。雨ふりや雨上がりだと、日中にも見られます。

3 かくれている場所

落ち葉がつもった地面の朽ち木や岩石の下などをさがしてみましょう。木の幹や石垣にいることもあります。

Ⅱ

地域ごとに多様なカタツムリの色と形

カタツムリはあまり移動しないので、同じ地域からほとんどはなれません。そのため、地域ごとにちがう種類への進化が見られます。カラの色やもよう、形、大きさ、体の色などには、地域ごとの特徴があるので、身近なカタツムリと、くらべてみましょう。

北海道から沖縄まで全国にくらす カタツムリのなかま

地域ごとにちがう「身近なカタツムリ」

日ごろ見慣れている身近なカタツムリは、ほかの地域ではまったく見ることができないことが多く、わずかな数の大木にだけすんでいる特殊な種類さえあります。また、落ち葉の間にすんでいるとても小さな貝が、絶滅危惧種である場合もあります。

この章では、全国の地方ごとに代表的なカタツムリを紹介します。身近な場所をさがしてみましょう。

北海道地方

×1.0

おもに木の上でくらす
白っぽいカタツムリ

サッポロマイマイ 準絶滅危惧
オナジマイマイ科 M
北海道(中部・南西部)の平地から低山に分布。樹上性で、草の上などにも見られます。

↑↓すむ場所でちがうカラの色
(→P.32)

×1.5

地表で目立たない黒っぽいカタツムリ

エゾマイマイ オナジマイマイ科
北海道のほぼ全域の平地から低山、東北(北部)の山地に分布。地上性で、草の上にも見られます。

地域による変化

ヒメマイマイ ×1.0
オナジマイマイ科
北海道のほぼ全域の平地から山地に広く分布。地上性で、草の上にも見られます。

すみついた場所にあわせ長い時間をかけて変化し、その地域に特有の姿や形になります。

ヒメマイマイが石灰岩地で角ばって変化した例

×1.0

カドバリヒメマイマイ
オナジマイマイ科
北海道後志の大平山の石灰岩地にのみ分布。

① 地域だけの姿や形 ➡ カタツムリのように移動性の少ない生き物は、天変地異などで、くらしてきた地域の自然的な条件がかわると、長い時間をかけて新しい条件にあった生き方をするようになり、形やようなどがかわります。特に島などのようによその地域と交流のできない環境の場合は、いちじるしくなります。この章では、南西諸島のヤマタカマイマイを地図上に並べました(→P.21)。地域による変化を観察しましょう。

日本最北のカタツムリ

カタツムリには和名に土地の名前のついたものが多くいます。北海道では、サッポロマイマイは広葉樹林の木にのぼり、ヒメマイマイとエゾマイマイはどちらも木にはのぼらず地面や草の上でくらしています。東北地方には、左巻きの種類がいくつも分布しています。

東北地方

 **アオモリマイマイ** オナジマイマイ科 Ⓜ
東北（ほぼ全域）の平地から山地に広く分布。地上性。

 **オゼマイマイ** ×1.0
オナジマイマイ科 Ⓜ
東北（南部）・関東（北部）・新潟（佐渡島をふくむ）の山地に分布。樹上性。ヒタチマイマイ（次ページ）の山地型。

オカモノアラガイ
オカモノアラガイ科
北海道・東北に分布。地上性で、しめり気の多い林床や草の上に生息。

×1.0

東北地方に分布する左巻きのカタツムリ

この2種のほかに、次ページに登場するヒダリマキマイマイも分布します。

 準絶滅危惧

 **ミチノクマイマイ** オナジマイマイ科 Ⓜ
青森・秋田の平地から低山に分布。地上性で、人家の近くや草原など開けた場所にも生息。

 ×1.0

 ×1.0 **ムツヒダリマキマイマイ** オナジマイマイ科 Ⓜ
東北（北部・中部）の山地から平地に広く分布。地上性。

左巻きのカタツムリがうまれた理由

左巻きのカタツムリが突然変異でうまれた場合、内臓も逆の位置の右巻きとの交尾がむずかしく、子孫を残しにくいと考えられます。右巻きのカタツムリを食べやすい歯の構造をもつヘビがいるところでは、左巻きの種が生き残って進化しやすいという説が、2010年に発表されました。カタツムリを専門に食べる特別なヘビの存在が、左巻きの種という特殊なカタツムリの進化（種分化）をうながしたのです。

② カタツムリを専門に食べるヘビ➡東南アジアに分布するセダカヘビ類で、日本では南西諸島のイワサキセダカヘビが知られています。南西諸島には、何種類かのナンバンマイマイ科の左巻きが分布しており、その進化との関係があるかもしれません。しかし、このページでいくつか紹介したマイマイ属の左巻きの分布は、すべてセダカヘビのいない近畿以北の本州に限られ、別の原因で左巻きへ進化したものと考えられます。

関東地方

ミスジマイマイ ×2.0 幼貝
オナジマイマイ科 M
関東・中部（東部）の平地から低山に分布。半樹上性で、人家の近くにも生息。

シモダマイマイ ×1.0
オナジマイマイ科 M
関東（南西部）から静岡（東部）の平地から山地に分布。半樹上性。火炎彩（→P.33）が発達するミスジマイマイの地方型。

準絶滅危惧
オオトノサマギセル ×1.0
キセルガイ科
関東（西部）・静岡（東部）の山地に分布。地上性で、ガレ場などに生息。

ヒタチマイマイ ×1.0
オナジマイマイ科 M
関東（北部）・東北（南部・中部）の平地から低山に分布。樹上性で、火炎彩が発達。山地型はオゼマイマイ（前ページ）。

交尾 ×1.0
ヒダリマキマイマイ
オナジマイマイ科 M
東北（中部・南部）・関東・中部（東部・北部）の平地から山地に広く分布。地上性で、人家の近くにも生息。

ハコネギセル ×1.0（→P.7）

準絶滅危惧
トウキョウコオオベソマイマイ ×3.0 オナジマイマイ科
関東の平地から低山に分布。地上性で小さく目立たないカタツムリ。

樹上性と地上性、白っぽいと黒っぽい

冬眠や産卵以外、生活のすべてを木の上ですごす「樹上性」のカタツムリは、木の幹で休むとき、カラに直接日光があたるためか、地色が白っぽく全体に明るい色あいをしています。しかし樹上性でも山深い場所にすむものは、地面をはいまわる「地上性」のなかまのように、全体の色あいが黒っぽく、うす暗い場所にとけこみます。このように一目見ただけでは、すむ場所がわからないこともあります。

①樹上性のカラは白っぽい→太陽光との関係が考えられています。しかし、多くのカタツムリのカラのもようや色は、周囲にとけこんで見つかりにくく、むずかしい言葉では隠蔽色（いんぺいしょく）、フランス語ではカムフラージュというような、迷彩色になっています。

中部地方

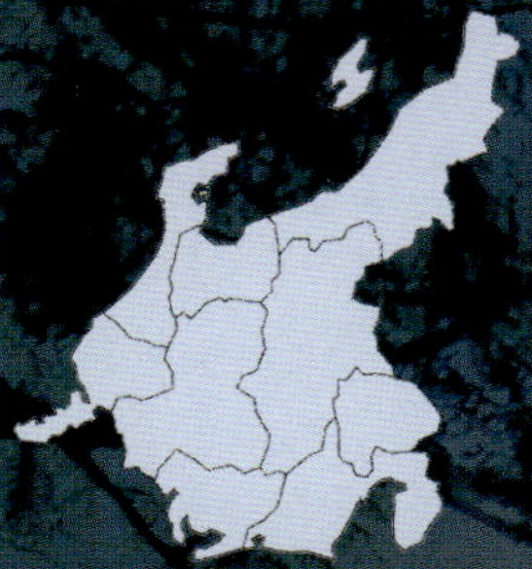

クロイワマイマイ オナジマイマイ科 M ×1.0
中部(北部・中部)の山地に分布。
地上性ですが、木にのぼることもあります。
アワマイマイ(→P.18)とともに、
日本最大級のカタツムリ。

ミカワマイマイ 絶滅危惧II類 オナジマイマイ科 M ×1.0
愛知(東部)・静岡(西部)の山地の
石灰岩地に分布。地上性。
ミヤマヒダリマキマイマイの地方型。

イブキゴマガイ ゴマガイ科 ×2.0
関東・中部・近畿の山地に分布。地上性。
林床の落葉層や石灰岩の露頭に生息。
触角が2本のグループ。

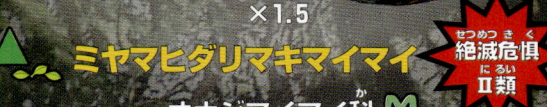

ミヤマヒダリマキマイマイ 絶滅危惧II類 オナジマイマイ科 M ×1.5
関東(西部)・中部・近畿(東北部)の山地に分布。
地上性。中部(西部)から近畿にかけては大型になり、
ヒラヒダリマキマイマイとよばれます。

ヒラマイマイ  オナジマイマイ科 M ×1.0
中部(南部)の平地から低山に分布。
地上性。人家の近くにも生息。

オオギセル ×1.0 (→P.7)

カタツムリの色あい(→P.29、P.32・33)と大きさ

　マイマイ属のカラには、多くて4本の黒っぽいしまがあります。カラを上から見たときによく見える、一番上にしまがあると、全体が黒っぽくなります。そして、カラの地色ともようのくみあわせで、見た目の色あいがかわります。地色には、樹上性の特別に白い種類をのぞいて、黄色っぽく明るいものや、茶色っぽく暗いものがあり、山地と平地では、色やもようのくみあわせがかわります。また、暗くしめった環境にすむ山地型には、カラが大きく成長する種類があります。平地型がすむ開けた明るい場所は、空気が乾き、活動する時間が少ないため、カラがあまり大きくならずにおとな(成貝)になるようです。

②山地型には大型種が多い→このページのクロイワマイマイと、四国のアワマイマイに代表される山地性で地上性のカタツムリは、大きく育つ傾向があります。全国のカタツムリと身近なカタツムリを見くらべてみましょう。　③おとなの陸貝→カタツムリは成貝(→P.28)、ナメクジは成体とよびます。

II. 地域ごとに多様なカタツムリの色と形

近畿地方(きんきちほう)

クチベニマイマイ オナジマイマイ科 M ×1.0
中部(西南部)・近畿の平地から低山に分布。樹上性で、人家の近くにも生息。カラの地色が白く、火炎彩は出ません。①

コガネマイマイ ×1.0
オナジマイマイ科 M
滋賀(北東部)・岐阜(西部)・福井・石川(南東部)の山地に分布。樹上性。ニシキマイマイの地方型(山地型)で、火炎彩が発達します。

ミノマイマイ ×1.0
オナジマイマイ科 M
近畿(北東部)・中部(南西部)の平地から低山に分布。半樹上性。イブキクロイワマイマイの平地型。

ハリママイマイ オナジマイマイ科 M ×1.0
(→P.6)

ヒメタマゴマイマイ ×1.0
準絶滅危惧
ナンバンマイマイ科
大阪(南部)・奈良(北部)・和歌山(北部)に分布。地上性で、開けた草地にも生息。

ニシキマイマイ オナジマイマイ科 M ×1.0
(→P.6)

オオケマイマイ ×1.0
オナジマイマイ科 M
関東・中部・近畿・中国(東部)・四国(東部)の山地から低山に分布。地上性で、石垣などにも生息。

ナミマイマイ オナジマイマイ科 M ×1.0
近畿(中部・北部)の平地から低山に分布。地上にも樹上にもいる半樹上性で、人家の近くにも生息。ニシキマイマイの平地型。

ギュリキマイマイ ×1.0
オナジマイマイ科 M
近畿(中部・南部)・徳島(南部)の山地に分布。地上性で、ヒラマイマイ(前ページ)の近畿地方の山地型。

イブキクロイワマイマイ ×1.0
オナジマイマイ科 M
近畿(北東部)・中部(南西部)の山地に分布。地上性。ときどき木にものぼります。クロイワマイマイ(前ページ)の地方型(山地型)。

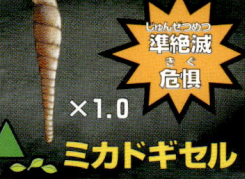

ミカドギセル ×1.0
準絶滅危惧
(→P.7)

①火炎彩と地色➡マイマイ属のカタツムリの多くは、山地型・平地型・樹上性・地上性に関係なく、火炎彩が出ます。しかし、クチベニマイマイやサンインマイマイ、コウロマイマイ、ツルガマイマイ、ミヤマヒダリマキマイマイなど、火炎彩がまったく出ない種類もあります。

中国地方

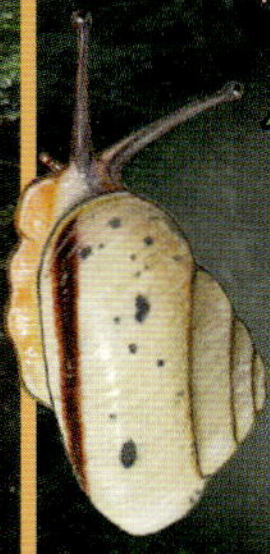

コウダカシロマイマイ ×2.0 オナジマイマイ科
中国（東部・中部）の山地に分布。樹上性の、小型で白いカタツムリ。

サンインマイマイ ×1.0
オナジマイマイ科 M
中国（中国山地から日本海側）の平地から山地に分布。樹上性。人家の近くにも生息。

幼貝
イズモマイマイ ×1.0
オナジマイマイ科 M
中国（中国山地から日本海側）の平地から山地に分布。地上性で、地色の黄色い平地型は特に大きくなります。

カラの背が高いカタツムリ

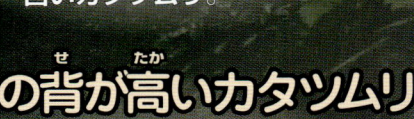

準絶滅危惧
ヤマタカマイマイ ×1.0 ナンバンマイマイ科
中部（中西部）・近畿（北部）・中国（東部）の山地に分布。地上性。林縁の草地にも生息。

ダイセンニシキマイマイ ×1.0
オナジマイマイ科 M
中国（中国山地）に分布。地上にも樹上にも生息する半樹上性。ニシキマイマイの地方型（山地型）。

ナミギセル ×1.0 (→P.7)

絶滅危惧Ⅰ類
タイシャクギセル ×1.0 (→P.7)

地域によって、姿がかわる例

準絶滅危惧
← **コウロマイマイ** ×1.0 オナジマイマイ科 M
鳥取（東部）・岡山（北東部）・兵庫（北西部）の平地から山地に分布。地上性で、開けた場所にも生息。兵庫北西部のものは、小型で、「ヒメコウロマイマイ」とよばれることもあります。→

いろいろな場所に多くの種類がくらす

日本列島の西南の地域にはカタツムリの種類が多く、山地型、平地型、それぞれの樹上性や地上性、またそれらの地方型、関東以北の地域にはないカラの背の高い種類など、さまざまなカタツムリがくらしています。

Ⅱ. 地域ごとに多様なカタツムリの色と形

四国地方

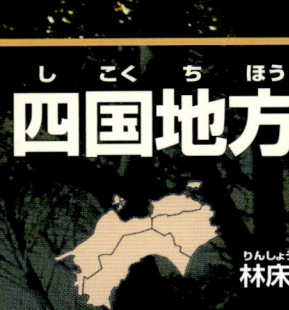

コベソマイマイ ×1.0
ナンバンマイマイ科
本州(関東西部以西)・四国・九州の山地から低山に分布。地上性で、林床から林縁など比較的開けた場所にも生息。

セトウチマイマイ オナジマイマイ科 M
中国・四国のほぼ全域、大分(東部)の平地から低山に分布。地上性で人家の近くなど開けた場所に多く生息。 ×1.0

絶滅危惧 I類

ケショウマイマイ ×1.0
オナジマイマイ科
徳島(中部の石灰岩地)にのみ分布。地上性で、林縁の草地などに生息。

日本最大のカタツムリ

アワマイマイ オナジマイマイ科 M ×1.0
四国の山地から低山に分布。地上性で林床から石垣などにも生息。

ヤマクルマガイ ×1.0
(→P.9)
触角が2本のグループ

ヤハタマイマイ ×1.0
オナジマイマイ科 M
香川(小豆島)の山地にのみ分布。地上性で岩壁にも生息。ニシキマイマイの地方型(山地型)で、非常に大型。

大型のカタツムリ

　日本のカタツムリの中でカラが特に大きいのは、マイマイ属のなかまと、ナンバンマイマイ科のニッポンマイマイ属(この両ページでは、コベソマイマイやオオシママイマイ)のなかまです。
　マイマイ属のうち、アワマイマイ、ヤハタマイマイ、クロイワマイマイ(→P.15)、イズモマイマイ(→P.17)などは、カラの直径が50mm以上まで成長します。特にアワマイマイは大きく、ここに描いた徳島県高越山で採集されたものは、カラの直径が69mmもあります。これは、筆者・監修者の知るかぎり日本一大きなカタツムリです。

①アワマイマイ➡筆者が飼育したアワマイマイは、カラの直径が40mmをこえてもまだ幼貝でした。よほど大きくなるカタツムリだと思って楽しみにしていましたが、採集したときにダニにたかられていたために、残念ながら死にました(➡P.45)。

九州地方

ツクシマイマイ ×1.0
オナジマイマイ科 M
九州(ほぼ全域)・山口(南部)の平地から山地に広く分布。地上性で、人家の近くにも生息。

タカチホマイマイ ×1.0
オナジマイマイ科 M
九州(南部)平地から低山に分布。地上性で、種子島・屋久島でも見られます。

オオクビキレガイ ×1.0 【外来種】
オカクチキレガイ科
ヨーロッパ(地中海沿岸)原産。九州(北部)に侵入後、各地へひろがりはじめています。畑など開けた環境に生息し、大発生して農作物に被害をおよぼすことがあります。

オオシママイマイ ×1.0 ナンバンマイマイ科
鹿児島(奄美群島)の山地から低山に分布。地上性。外来種のアフリカマイマイを除き、奄美群島で最大のカタツムリ。

ギュリキギセル ×1.0
キセルガイ科
九州(南部)のおもに山地に分布。樹上性。樹木の幹や根元で見られることが多い。

ナタマメギセル ×1.0 【絶滅危惧Ⅱ類】
(→P.7)

アフリカマイマイ ×1.0 【外来種】
アフリカマイマイ科
アフリカ原産で、世界各地の熱帯域にもちこまれ、農作物への食害が深刻。日本では南西諸島(→P.20欄外)と小笠原諸島②に侵入し、輸入も国内移動も禁止されています。広東住血線虫③の中間宿主で、この寄生虫はほかの陸貝にもひろがりつつあります。

アシヒダナメクジ ×1.0 【外来種】
アシヒダナメクジ科
熱帯アジア原産で、南西諸島に侵入。園芸作物や農作物を食害することがあります。

外来種の脅威

温暖な気候の鹿児島県の奄美群島には、外来種のアフリカマイマイやアシヒダナメクジが定着しています。アフリカマイマイは2007年には鹿児島県本土にも侵入し、農作物の被害や、寄生虫(広東住血線虫)による病気をもたらすことがあり、防除対策がとられています。福岡県のまわりではオオクビキレガイがひろがり、農作物への被害が心配されています。

②小笠原諸島→東京都の特別区。南南東約1,000kmの太平洋上の島々。　③広東住血線虫→幼虫の寄生を原因とする人獣共通の感染症をおこします。アフリカマイマイやその他の外来種から伝染し、日本産の陸貝にも寄生していることがあります。広東住血線虫の感染予防として、手をふれた場合は、必ず石けんなどでよく手を洗うことがあげられます。手を洗うことは、生物に手をふれた場合の基本です。必ず実行しましょう。

Ⅱ. 地域ごとに多様なカタツムリの色と形

南の島々のカタツムリ

マイマイ属(九州より北に分布)のいない南西諸島①で、大型の地上性の種類は、ナンバンマイマイ科のドングリマイマイとよばれるグループ(シュリマイマイやイッシキマイマイなど)です。また、樹上性のオキナワヤマタカマイマイのなかまは奄美群島から宮古列島にかけて分布し、島ごとにカラの形やしまの出かたがちがいます。

これらのカタツムリの多くは、それぞれの島(諸島)だけに分布する固有種です。

①南西諸島→九州の南から台湾のすぐ東にかけて点在する島々の総称。 九州から南に、大隅諸島、トカラ列島、奄美群島、沖縄諸島、宮古列島、八重山列島、尖閣諸島。少し離れて大東諸島があります。

島ごとに種類がちがう 南西諸島のヤマタカマイマイ

亜熱帯林の樹上性 ナンバンマイマイ科

亜熱帯林の樹木にのぼってくらすオキナワヤマタカマイマイのなかまは殻高(→P.28)の高い円錐形で、南西諸島にのみ分布しています。このページの絵はすべて原寸(×1.0)です。

Ⅱ. 地域ごとに多様なカタツムリの色と形

いろいろな形・色・しまもよう
島々の固有種

- **オモロヤマタカマイマイ**（絶滅危惧Ⅱ類）— 久米島に分布
- **オキノエラブヤマタカマイマイ**（絶滅危惧Ⅱ類）— 沖永良部島に分布
- **クマドリヤマタカマイマイ**（準絶滅危惧）— 奄美大島に分布
- **ウラキヤマタカマイマイ**（絶滅危惧Ⅰ類）— 宮古島と伊良部島に分布
- **アマノヤマタカマイマイ**（絶滅危惧Ⅰ類）— 沖縄島南部に分布
- **オキナワヤマタカマイマイ**（絶滅危惧Ⅱ類）— 沖縄島の中部・南部に分布
- **トクノシマヤマタカマイマイ**（絶滅危惧Ⅱ類）— 徳之島に分布

鹿児島県（与論島よりも北東の島々）：屋久島、種子島
沖縄県（沖縄島よりも南西の島々）：与那国島、西表島、石垣島、宮古島、伊良部島、久米島、沖縄島、与論島、沖永良部島、徳之島、喜界島、奄美大島

地域の絶滅危惧種を知ることも保護へつながります

身近なところで、カタツムリがいそうな場所をさがしてみましょう。外来種ばかりが目につくかもしれませんが、絶滅危惧種(絶滅危惧Ⅰ類・Ⅱ類)や準絶滅危惧種などが見つかる可能性があります。地域の博物館や行政機関などに相談すると、地域の保護へのとりくみがわかります。近隣の地域で行われている保護活動にも参加できるかもしれません。

全国各地で見られる小さなカタツムリ

落ち葉の下の腐葉土にすんでいます

森林の地面(林床)では落ち葉がつもって、長い時間をかけて土になっていきます。そのような場所にはとても小さな陸貝のなかまがくらしているかもしれません。しめった場所をさがしてみましょう。

原寸(じっさいの大きさ)

イブキゴマガイ ×10.0
(→P.15) 触角が2本のグループ

原寸

ゴマガイ ゴマガイ科
北海道(南部)・本州・四国・九州に分布。
林床の腐葉土に生息。
触角が2本のグループ

原寸

カサキビガイ
ベッコウマイマイ科
北海道(南部)・本州・四国・九州に分布。
林床の腐葉土に生息。

原寸

タワラガイ タワラガイ科 ×4.0
本州(関東以西)・四国・九州に分布。
林床の腐葉土に生息。

原寸

オカチョウジガイ ×4.0
オカクチキレガイ科
本州・四国・九州に分布。
平地の開けた環境にも生息することが多い。

原寸

ミジンマイマイ ×4.0
ミジンマイマイ科
本州・四国・九州に分布。
海岸沿いや河川敷など、開けた場所の、草の根元などに生息。

ヤマキサゴ ×1.0
ヤマキサゴ科
本州・四国・九州に分布。
林床の落ち葉の下やガレ場に生息。
触角が2本のグループ

オカモノアラガイ (→P.13) ×1.0

①開けた環境に生息→山地の森林にも見られます。しかし、大きさも形もよくにたトクサオカチョウジガイ(外来種)とともに、庭先の植木鉢などについていることがあります。

外国のカタツムリ

南の島々のカラフルな樹上性のカタツムリ

人が描いたように美しい色やもようの、熱帯にすむカタツムリです。
ミドリパプアはワシントン条約により、商取引と国外もち出しが制限されています。

サオトメイトヒキマイマイ ×1.0
サラサマイマイ科
中米の西インド諸島の
イスパニョーラ島
（ハイチ・ドミニカ）に分布。

ハデイトヒキマイマイ ×1.0
サラサマイマイ科
西インド諸島の
キューバ島に分布。

ミドリパプア ×1.0
ナンバンマイマイ科
パプアニューギニアの
マヌス島に分布。

キグチパプア ×1.0
ナンバンマイマイ科
パプアニューギニアの
ブーゲンビル島に分布。

ふしぎな形の地上性のカタツムリ

オオサカダチマイマイは、カラの入口が上をむいているので、カラの渦巻きを下にむけてはうカタツムリです。また、カタツムリにとって無防備なカラの入口に、複雑な突起が発達しています。

オオサカダチマイマイ オニグチギセル科　ブラジルに分布

×1.5

×1.0
カラを上から見たところ

×1.0
カラを下から見たところ

②カラの入口の複雑な突起→外敵から身を守るために、カラの入口にある歯のような突起が、成貝になるときにつくられます。

Ⅱ. 地域ごとに多様なカタツムリの色と形

カラは固い？やわらかい？

カタツムリのカラは、海の貝ほど固くないものが多く、キズつきこわれやすいので、鳥やタヌキ、ネズミなどの捕食者に、かじったりつついてこわされ、食べられてしまいます。

カラの口にフタがないグループは、マイマイカブリ（→P.45）などにおそわれやすいでしょう。人が乱暴にもつと、つぶれてしまうほど弱いカラの種類もあります。

カラを背おってくらすカタツムリのあしは、岩壁や木の幹、葉の裏にもぴったりとはりつき、重力に逆らって、はうことができます。

1 石灰岩地帯とコンクリートの壁

カラをつくる栄養分、炭酸カルシウムの豊富な石灰岩地帯には、多くの種類が生息します。同じ理由で、都会ではしめったコンクリート壁などをなめることがあります（→P.45）。

2 冬眠や夏眠のときにはる膜

しめり気をまつときや、冬眠中や夏眠中には、体が乾燥してしまわないように、カラの入口に膜でフタをして休みます（→P.27）。

3 カラの色とすむ場所

多くのカタツムリのカラは、環境にとけこむ色やもようになっています。しかし、樹上性の種類は白っぽく、南方にはカラフルな種類もあります。

III 体の つくり

カタツムリは、カラのうず巻きの先まで体が入っています。カラには、空気の乾燥から体を守る大切な役目があり、カラがこわれるとなおします(➡P.27)。あしは、体をささえてはうためばかりではなく、エサを食べたり(➡P.41)、フンを出すときに(➡P.27)手のようなはたらきもします。

体とカラ、頭のてっぺんから

1. 体 「頭とあし」、「内臓と外套膜」

内臓を包み、カラの内側にぴったりとふれている体の表面を、「外套膜」とよびます。体は、頭とあし、外套膜に包まれた内臓の二つの部分があり、頭とあしは、外套膜に引きこまれます。

カラの中のようす

外套膜のはしが厚くなってエリとなります。頭とあしがカラの外に出ているとき、エリは、カラの入口（殻口）に、ぴったりとはりついています。

目は上側についています

カタツムリの目は、上側についているために、下を見るときには、大触角をさげて見ます。
カタツムリの目や触角は、まるで手袋の指の先が裏返るように、頭に引きこまれ、頭も同じように、体に引きこまれます。

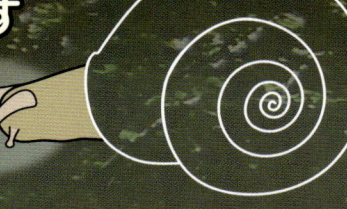

このあたりの内側に、肺の役割をするすき間があり、頭とあしを引きこみます。

ミスジマイマイ
（→ P.14）×2.0

大触角
目
小触角 — においと味を感じとります。
顎板
腹唇
歯舌（大きく描きました）
だ液腺
胃

エリ

カラをつくる外套膜

カタツムリのカラを成長させるしくみは、外套膜と、カラの間を満たす液体との化学反応です。

頭部の中のつくり（横から見たようす）

カタツムリの舌の表面には歯舌があり、固いものはけずり、やわらかいものは引きこんで食べます。

歯舌

軟体動物の多くがもち、エサをけずりとるために使います。おろし金①のような小さなたくさんの歯が、規則正しくならんでいます。
陸貝が歯舌を使い、古いコンクリートの壁やしっくい壁などにはえた深緑色の微生物（藻類）を、削りとって食べたあとを「はみあと」とよびます。

はみあと

しっくい壁に残ったはみあと

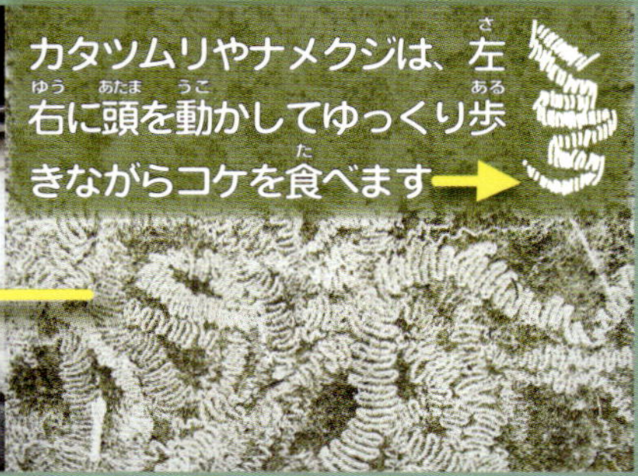

カタツムリやナメクジは、左右に頭を動かしてゆっくり歩きながらコケを食べます →

①おろし金→台所で野菜をすりおろすのに使う道具。　②成長脈とよごれ防止→成長脈の細かくわずかな凹凸は、カタツムリのカラのよごれを雨で流す「よごれ防止」のはたらきがあります。このしくみは、タイルや外壁材に応用されています。

あしの先までのようす

2. 体がカラをつくる　カラがこわれても自力で修理します

カラは毎日少しずつ成長するので、殻口のふちと平行にこまかい成長脈ができます。海の貝とくらべ、カタツムリのカラが軽いのは、陸上での移動のしやすさと関係があるのかもしれません。しかしその分、カラがうすくてこわれやすいために、よく見るとこわれたカラを修理(→P.41)したあとが見られることがあります。

いろいろな角度から見たカタツムリ

ヒダリマキマイマイ (→P.14)

エリに開いた呼吸孔
ここから空気を出し入れします。肛門がこの穴の内側にあるために、フンは、この穴から出ます。
×1.5

エリ
成長脈
×1.0

生殖孔
このあたりに開きます。
×1.0

キズあと
へそ穴
×1.0

フンをあしでまとめる

あしを手のように使いフンをまとめて、ふみかためます。

コベソマイマイ (→P.18) ×1.0

フンが出るようす ×1.0

カラの口に膜(エピフラム)をはる

冬眠するときには、厚い膜をはって休みます。

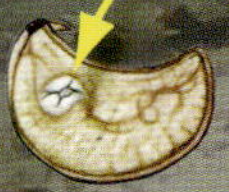

冬眠明けに落ちていた膜。空気を通す穴が開いています。

絶滅危惧 II 類

ミヤマヒダリマキマイマイ (→P.15) ×1.0

カラの口に膜をはり、乾燥を防ぐ

カタツムリは空気が乾燥すると、カラの口を木の幹などにはりつけるか、膜をはって休みます。この膜はエピフラムとよばれる、半透明か白っぽい不透明なもので、どれにも呼吸のために空気を通す穴があり、冬眠のときには何枚もはる場合があります。

膜をはった
ダイセンニシキマイマイ (→P.17) ×1.0

③こわれたカラの修理➡成長脈にそったキズはカラの半分以上の長さでもなおしますが、穴はなおりにくく、大きさや位置によってはなおせません。
④へそ穴➡貝が螺旋状に巻きひろがるようすが見えます。胎殻まで見とおせるほどへそ穴の大きい種類から、ふさがっている種類までいろいろです。

3. カラ 巻きはじめは赤ちゃんカタツムリのカラ（胎殻）

赤ちゃんのカラが中心になり、少しずつ巻きをのばして成長し、大きなおとなのカラになります。

コベソマイマイ（→P.18）のふ化 ×1.0

卵　ふ化直後の赤ちゃん（稚貝）

稚貝のカラ（胎殻）は一巻き半くらいです。

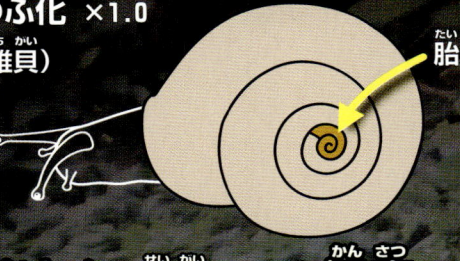

胎殻

カラの大きさをはかる場所

殻頂・殻高・殻口・殻径

アオモリマイマイ（→P.13）×1.5

子ども（幼貝）からおとな（成貝）への観察

種類ごとに成貝に成長する時間と、カラを巻く数がちがいます。多くの種類では成貝になる直前、カラの入口（殻口）が少しずつ下を向いて成長し、やがて殻口がそりかえって厚くなり、成長が止まります。

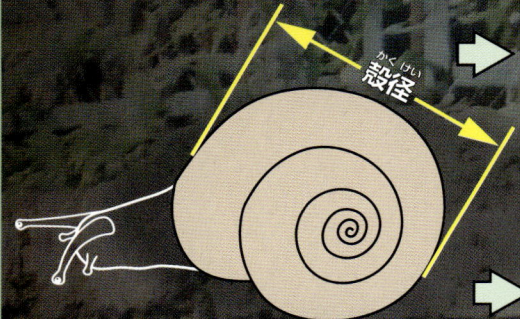

殻径

→ おとなのカラへの仕上げ →

多くのカタツムリは、成貝になると、殻口がそりかえって厚くなるので、幼貝と見分けがつきます。

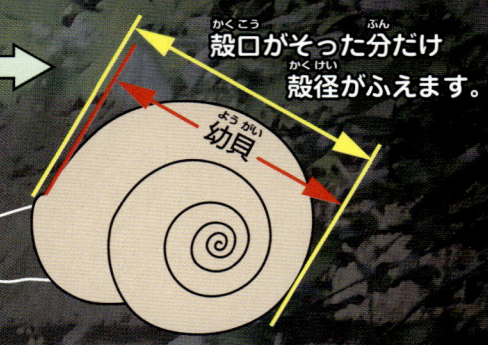

殻口がそった分だけ殻径がふえます。

幼貝

秋に色づく冬眠痕②

冬眠前に成長したカラに、色がつく種があり、色のついた場所を冬眠痕とよびます。

冬眠痕が赤くなる **クチベニマイマイ**（→P.16）

クチベニマイマイは殻口が赤くなるので、「クチベニ」という和名がつきました。

成貝 ×2.0

1回目の冬をむかえる幼貝 ×1.0

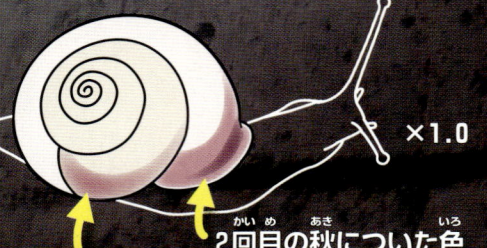

×1.0

2回目の秋についた色　1回目の秋についた色

冬眠痕を見ることによって、2回幼貝で冬をこしてから殻口がそりかえり、成貝になったことがわかります。

①カラの成長と巻く数→2年かけて殻径1cmの成貝になる種類もあれば、1年で殻径3cmの成貝になる種類もあり、大きさだけで成長した時間を知ることはできません。カタツムリの多くの種類がどのように成長するのか、知られていることが少ないので、ていねいに飼育観察をすることが大切です。

カタツムリの成長

親と同じ形で生まれ、成熟するとカラの成長が止まって成貝になります。野外で見つけた貝が生きてきた年数や、これから何年生きられるのかはわかりません。

カタツムリの寿命は種類によって1年、2〜3年、5〜6年から10数年とさまざまで、成貝になるまでの期間も下の2種のようにちがい、大きく成長するには数年かかるようです。

コベソマイマイ（→P.18）
飼育記録　×1.0
6月3日にふ化し、10月10日まで130日間で成長したカラ。
室内飼育なので、冬眠痕ができず、翌年6月、ちょうど1年で成貝になりました。

採集した **クチベニマイマイ** 成長の観察
ふ化から秋までに成長したカラ　×1.0
ほぼ2年で、成貝になったことがわかります。

カラの4本のしま（色帯）

マイマイ属のカタツムリには、基本的に4本のしまがあり、上から順に番号がつき、しまが全部あれば1234型、2の帯と4の帯だけなら0204型、まったく出ていないものは0000型とあらわします。

しまの名前　1の帯　2の帯　3の帯　4の帯（へそ穴のまわり）

ツルガマイマイ
オナジマイマイ科 M
北陸（南部）・近畿（北東部）の平地から低山に分布。1の帯と3の帯は色がうすい。1234型。

カラの下側のうず巻きのへこみを **へそ穴** とよびます。
オオベソやコベソなど、へそ穴の大きさを和名にした種があります。

とじたへそ穴　**コベソマイマイ**
ふつうのへそ穴

1234型で、色帯のこさや地色がさまざまな
ヒメコウロマイマイ（→P.17）×1.0

準絶滅危惧
殻径の40%もある大きなへそ穴
トウキョウコオベソマイマイ（→P.14）×1.0

②冬眠痕→夏が終わり、夏眠から目覚めたカタツムリは、冬眠するまでの間にせっせとエサを食べます。気温がさがると成長が鈍くなって、秋に成長したカラの色がかわる種があり、多くはこい色になります。「冬眠のあと」、「冬眠の印」、「冬眠痕」などとよびます。ここでは「冬眠痕」を使いました。

4. あしのつくりとはうようす

粘液で重力に逆らえるほどの吸着力をえて、どこでも自由にはいまわります。カタツムリは、細い枝やツルなどをあしで包みこみ、綱渡りのような移動のし方もできます。

背中側から見たようす

大きなカラを背おって、体の下に粘液をひろげて進みます。

腹側（あしの裏）から見たようす（水そうでの観察）

カタツムリは、あしの筋肉を後ろから前に動かし、体をおし出すように前に進むので、あしの裏に横じまの波（足波）ができます。

口の両側にある大唇弁の下側
口
粘液の出口
呼吸孔は閉じたり開いたりします
足波
肛門　このあたりの少し奥にあり、フンが出るときに開きます
足波が後ろから前に進むようすが見えます

ヒダリマキマイマイ（→P.14）×2.0

あしと水そうの間に粘液をひろげ、すべりをよくします

粘液は潤滑油と接着剤のはたらき

カタツムリは、あしのすべりをよくするために粘液を使います。それとは逆に、壁や枝の下側などにはりつくためにも粘液を使います。吸着盤に水を使うように、粘液があしの吸着力を強くします。

カタツムリのあしあと
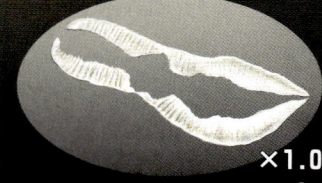
×1.0
水そうの壁に残ります。

① 足波➡水そうに密着した場所が白っぽく見え、筋肉に力が入ってちぢんでいる場所が濃く見えます。　② カタツムリのあしあと➡長時間、同じ場所にいると、粘液が白く固まって残ります。時間がたってかわくととりにくくなるので、見つけたらすぐ古布などをぬらしてふきとります。
③ 吸着盤➡大気圧を利用して物にはりつく道具で、少しだけ水でぬらすと吸着力が強くなります。

すむ場所でちがう色ともよう

1. 山地型(山のカタツムリ)と平地型(里のカタツムリ)[①]

カタツムリのカラの見た目の変化は、すんでいる環境によります。地色としま(色帯)の出方やくみあわせがかわるために、暗い山にいる「山地型」のカタツムリのカラは、大型でしまが多く、地色が黒っぽくなり、一方、明るい里にいる「平地型」カタツムリのカラは小型で、しまがあまり出ないため、明るくなる傾向があります。

このページの絵はすべて原寸(じっさいの大きさ)です。

1. 体に帯がある ニシキマイマイの、なかま

体のまん中に黒くて太い帯が出ますが、帯が出ないこともあります。

山地型
うす暗い山地では、カラの地色が暗く、1の帯があり、全体に暗くなります。

← 1の帯

平地型
平地の開けた明るい環境では、カラの地色は明るくなり、1の帯は出にくく、全体に明るくなります。

2の帯 →

ダイセンニシキマイマイ (→ P.17)
体に帯が出ないこともあります。

ニシキマイマイ (→ P.6)

ナミマイマイ (→ P.16)

2. 体全体がまだらもよう

帯がない種類 クロイワマイマイの、なかま

山地型

暗いまだらもよう

平地型

イブキクロイワマイマイ (→ P.16)

すむ場所が山地と平地にわかれ、カラの見た目がちがっていても、体のもようはよく似ています。

ミノマイマイ (→ P.16) 交尾

---

① 山のカタツムリ、里のカタツムリ → カタツムリのカラは、地色としま(色帯)の出方によって、見た目が大きくかわります。また、同じ種類のカタツムリでも、山地型と平地型では見た目がまるでちがい、以前は別の種類だと考えられていたものも多くあります。専門家はむかしから、「山のマイマイ」、「里のマイマイ」とよんでいました。

落ちているカラの サインは何？

カタツムリが死んで残ったカラは、だんだん表面の皮がはがれて白くなり、茂みの下や黒っぽい土の上でよく目立ちます。地面に落ちているカラをさがすと、その場所に、どんなカタツムリがくらしていたのかがわかります。カタツムリのいそうな場所を見つけたら、雨ふりや雨上がりにさがしてみましょう。

カタツムリがいる場所が、人家や施設、農地など所有者のある場合は、さがすときに必ず許可をとりましょう。

また自然公園などでは、採集禁止の場所もあるので、注意しましょう。

1 もち帰るための注意

同じ場所で採集した場合は、ちがう種類を一緒に入れても大丈夫です。ちがう場所にいたものは、まぜないようにしましょう。

2 採集に必要な物

軍手、わりばし、虫めがね（小型種を見る）、飼育ケースやポリ袋などの容器。密閉容器は、むれて死にやすいので気をつけましょう。

3 採集に出かける服装

雨天に山歩きをするときのような服装（夏でも長そで）がむいています。雨靴や、防水のきいたすべりにくい靴をはきましょう。

IV 飼育と観察で見えてくる生態

この本では、飼育ケース内を自然環境に近づけるのではなく、継続して何年でも飼育できる清潔な環境を整えることを提案しています。人間が生き物を飼育することは、不自然なことです。自然からあずかった命、そしてその生き物を採集した環境をていねいに観察することが大切です。

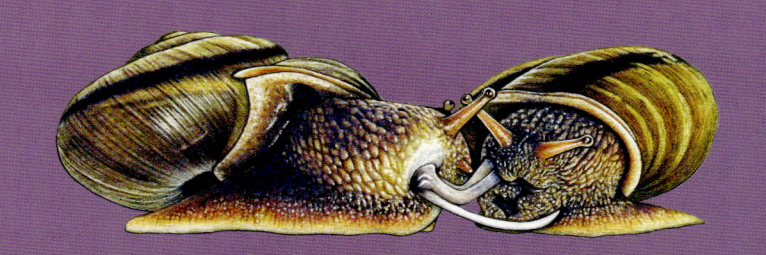

清潔な飼い方
飼育しやすいケース

市販されている手ごろな大きさのケースを選びます。

空気穴が小さく少ないもの
カタツムリが逃げ出さず、中がかわきにくいケースを選びましょう。

高さ20cmくらい

殻径25mmくらいのカタツムリなら6匹くらいまで飼えます。このケースの中はクチベニマイマイの成貝とエサのレタス、底にはティッシュペーパー(以後ティッシュと記します)がしいてあります。

奥行き15cmくらい

注意1. きりふきを使うときに、飼育ケースの壁に水滴が残り、ぬれすぎないように、よく見て気をつけます。

注意2. 世話をしたあともよく見て、エサなどの水分で、飼育ケースの壁がくもったらふきとります。

横はば20cmくらい

注意3. すぐ観察できる机の上など、日光が直接あたらない場所におきます。

ティッシュを食べたところです。① ティッシュは、カタツムリを健康に飼育するためのしき物になり、エサになります。キッチンペーパーなども使えます。

ヒダリマキマイマイ
(→ P.14) ×1.7

ティッシュを食べて出した白いフン ②

注意4. カラに必要な栄養分の、カルシウムは、鳥のエサの「ボレー粉」を10cm角くらいの古布にのせ、新聞紙などに重ね、カナヅチのような固いもので、押しつぶして粉にします。大きな破片は消化しないので、粉だけをあたえます。③

① ティッシュをエサにする → 陸貝の多くは、ティッシュなど紙を食べることができます。野菜などのエサを入れなければ、ティッシュを食べます。 ② カタツムリなど陸貝のフン → エサを食べてからフンが出るまでの時間は、小型のカタツムリでは約3時間くらいです。キセルガイ、ナメクジなども同じようです。ヒダリマキマイマイなどのように大型のカタツムリの場合は、半日以上かかることもあります。

ティッシュをケースの底にしく

カタツムリの多くの種類は、空気がかわくとしめった場所に移動するか地面にもぐり、雨がふるまで休みます。飼育ケースの中には逃げ場がありません。乾燥したときに休んでいても限度をこえれば、かわききって死にますが、しめらせすぎてもだめです(➡ P.41)。

ヒメマイマイ
(➡ P.12) ×1.0

レタスの葉は、洗ってあたえます。しおれた葉は食べません。量は、世話をしながら調節しましょう。

注意5.
小さいカタツムリや、キセルガイなどは、まちがえてすてないように、数を確認して掃除をします。

そろえる道具
飼育ケース、きりふき、ピンセット、ティッシュ、すててよい古布。

エサ　翌日残っていたらすてます。
レタス、ニンジン、キュウリ、サツマイモ、ナスなどを切って入れます。

世話のしかた　毎日します。
① 飼育ケースからはずしたフタの中にカタツムリを入れ、食べ残しのエサとフンをティッシュごとすてます。ケースにこびりついたフンは、ピンセットでとります。
② ケースの壁のよごれを、ぬらした古布やティッシュなどでふきとり、新しいティッシュを入れてきりをふきます。
③ エサを入れ、カタツムリをもどし、フタのよごれもふきとります。

卵の観察
卵を見つけたらすぐ、ピンセットでつぶさないように注意をして別の容器にうつします。ここではシャーレを使っていますが、密閉できる小型のプラスチック容器でも大丈夫です。

① 毎日観察します。② 卵から色のついた液体が出ていたら、死んでいるのでとりのぞき、ティッシュをかえます。
③ カビがはえるのを防ぐために、1週間に1回ティッシュをかえます。④ 毎日、観察記録をつけましょう。

卵をならべて入れます 
ヒメマイマイ
卵 ×0.5
ティッシュをしき、きりをふきます。

ティッシュをかぶせます 
ティッシュにきりをふき、卵にかぶせます。

フタをします 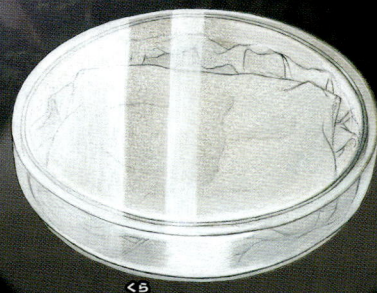
なるべく暗いところにおきます。

Ⅳ. 飼育と観察で見えてくる生態

③ ボレー粉によるカルシウム分の補給 ➡ このほか同じ小鳥のエサの「イカの甲」、「塩土」などがあります。イカの甲はなめて食べるので、粉にする手間はありませんが、大きいままあたえると粘液でベトベトになるため、小さくわります。カタツムリの種類によってはエサの好ききらいがあるので、食べるようすをよく見ます。また、この本のために飼育したチャコウラナメクジとヤマナメクジは、まったく食べませんでした。

ふ化と成長

1.ふ化 ×4.0

産卵後30日くらいで ふ化します。
ふ化が近づくと、卵が一回り大きくなり、中の幼生のようすが見えることがあります。

コベソマイマイ（→P.18）

内側から卵のカラを食べて出てきます。

卵（原寸） 直径5mm → 30日くらい → ふ化 殻径4.5mm

2.成長

カラを毎日わずかずつのばして、いつの間にか大きくなります。

3.卵生とは 卵をうむこと

卵を見つけたら清潔に管理して、ふ化をまちましょう。

産卵直後の白っぽい卵 直径4mm
ふ化
反転した目玉がすけて見えるようす

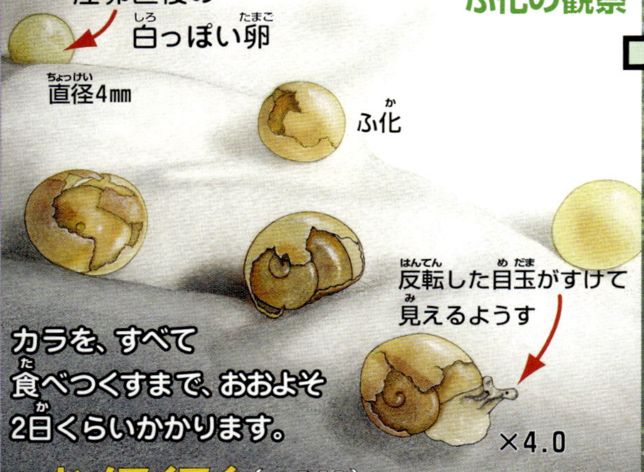

カラを、すべて食べつくすまで、おおよそ2日くらいかかります。

ヒメマイマイ（→P.12）

ふ化の観察

稚貝の飼育① 最初のエサ

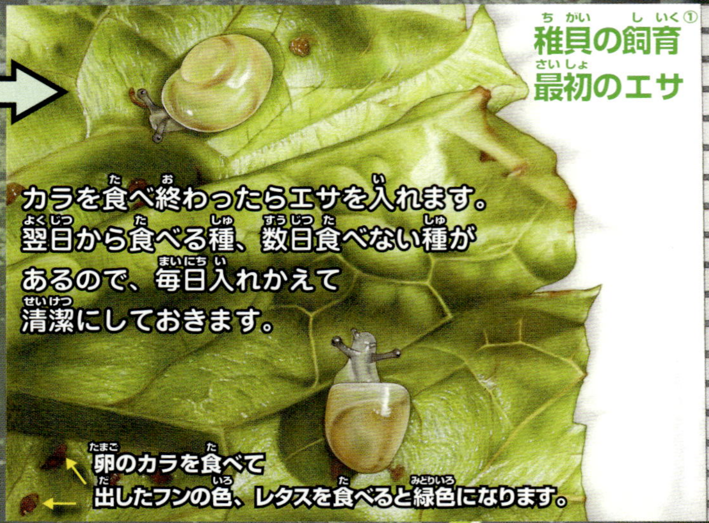

カラを食べ終わったらエサを入れます。翌日から食べる種、数日食べない種があるので、毎日入れかえて清潔にしておきます。

卵のカラを食べて出したフンの色、レタスを食べると緑色になります。

4.卵胎生とは
体内でふ化した子をうむこと

多くのキセルガイは、成貝が稚貝をうむ卵胎生で、1回に2～3匹くらいうみます。

ギュリキギセル（→P.19）の親子

うまれたばかりの稚貝 ×4.0

ふ化したばかりの稚貝 ×4.0

コベソマイマイ
ふ化したばかりの稚貝 ×2.0

ニッポンマイマイ

ナンバンマイマイ科
本州・四国・九州に分布し、変異が大きく、自然林内や林縁部などに生息。

最初の食べ物

ふ化したばかりのカタツムリやキセルガイ、ナメクジなどが、最初に食べるのは、卵のカラのようです。そして自然の中では枯れ葉や腐葉土、藻類や菌類などを食べています。

① 陸貝の飼育→カタツムリやキセルガイ、ナメクジなどは、親とほとんど同じ姿でふ化をして、そのまま大きくなります。世話を忘れても騒ぎません。乾燥して死ぬだけです。世話ができなくなったら、害虫になる種類以外は、採集した場所にもどしましょう。害虫になる種類は駆除します。カタツムリ

卵生と卵胎生

ふ化後6日 殻径5mm → ふ化後約40日 殻径10mm → ふ化後約90日 殻径20mm → ふ化後約120日 殻径25mm → ふ化後約170日 殻径27mm → ふ化後約270日 殻径30mm

×1.0 親の貝（成貝）、殻径30mm

12カ月で成貝になりました

コベソマイマイ 成貝 ふ化後1年 殻径33mm

5. ナメクジのふ化と成長

チャコウラナメクジ（→ P.8）　1年くらいの命です。

卵（原寸）直径2.5mm　おおよそ1カ月でふ化

→ ふ化直後 体長3.5mm → ふ化後約30日 体長7.3mm → ふ化後約60日 体長15mm → ふ化後約270日 体長40mm → 成体 ふ化後約11カ月 体長50mm

横から見たところ、呼吸孔が開いています。

外来種

ナメクジの飼育

エサは野菜類をあたえます。エサを食べて、毎日少しずつ成長します。ナメクジはカラがないので、細いすき間からでも逃げ出します。ケースでの飼育には注意が必要です。

コウラをもたない **ヤマナメクジ** ×1.2 ふ化後約30日

ナメクジの卵 飼育上の注意

卵からふ化したナメクジの飼育は、10匹以内が適当です。多すぎるときは、その親とともに採集した場所へもどします。ただし、農業害虫になるものは駆除します。

×1.5　**チャコウラナメクジ**の卵

IV. 飼育と観察で見えてくる生態

が乾燥してカラの奥にこもると、生きているのか、死んでいるのかわからないことがあります。そのようなときには小さな容器にカタツムリを入れ、カラの上まで水を入れて2〜3日ようすを見ます。生きていれば、カラから出てはいあがってきます。

何を食べるのだろう？

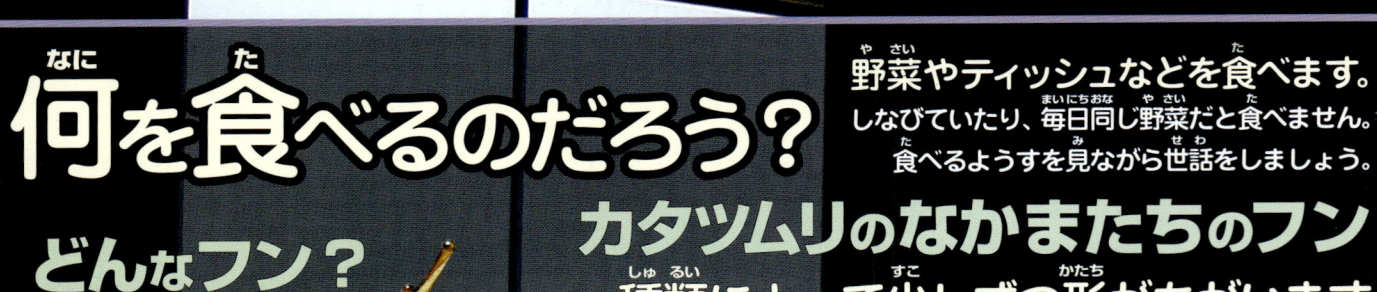

野菜やティッシュなどを食べます。
しなびていたり、毎日同じ野菜だと食べません。
食べるようすを見ながら世話をしましょう。

どんなフン？

カタツムリのなかまたちのフン
種類によって少しずつ形がちがいます

- 肛門
- 腹側（あしの裏側）から、レタスを食べたあとに見たようす。 ×1.5
- フンの色と形
- **チャコウラナメクジ**（→P.8） 〔外来種〕
  ナメクジは、あしの裏側から食べたエサの色がすけて見えます。

- 肛門
- フンの色と形

- レタスを食べるとカラが緑色っぽく見えます。
- **オナジマイマイ**（→P.49） ×2.0 〔外来種〕
  カラや体色が明るい種類は食べたエサの色がすけて見えます。

エサの色がフンの色
オナジマイマイのフン ×2.0

- 落ち葉を食べたときのフン
- ティッシュを食べたときのフン
- ニンジンを食べたときのフン
- キャベツを食べたときのフン

カタツムリのフンは、どれも同じような形
体の大小で、フンの量や大きさがかわります。

触角が2本のグループ ×1.0

ヤマタニシ（→P.9）
ヤマタニシの、落ち葉とティッシュがまざったフンの色と形。

ミスジマイマイ（→P.14）幼貝 ×1.0

- イカの甲のフン
- カラの中の外套膜に、黒っぽいまだらもようがあるので食べたエサの色はあまり見えません。

カルシウム分の補給
幼貝など、カルシウムが必要な種類があります。①イカの甲をなめるようす。このみがあるので、ようすを見ながら、あたえます。

①イカの甲 ➡ コウイカのなかまが、体内にもっているカラをイカの甲とよびます。「カトルボーン」という名前で、インコやカメなどのカルシウム補給用に、ペットショップなどにあります。

口の中のようす

歯舌は奥にあって、なかなか見えません

飼育ケースのカタツムリは、人が近づくとカラに引っこんだり、エサを食べるのをやめたりするので、なかなか口の中は観察できません。どうしても見たい場合は、すぐ見られるところに飼育ケースをおき、エサや湿度を快適にして、こまめに観察しましょう。

体を長くのばしてカラをなめる
ヒメコウロマイマイ（→P.17）
×1.0

顎板
腹唇
歯舌
あし

カタツムリの口
コウロマイマイ（→P.17）×4.0

歯舌で食べ物をけずりとり、口の中へ引きこみます。やわらかい葉などは歯舌で引きこんで、顎板でちぎり、もろい土はあしの助けで口へ運び飲みこみます。

土の中から、貝殻をかじりとります。
5分後
あしで、口におしこみます。

ヒメマイマイ（→P.12）×3.0

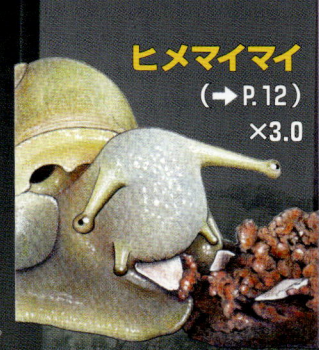

あしを手のように使います

ヒメマイマイは、ボレー粉や塩土をよく食べます。細かい土や貝殻などは、あしでうけとめたりすくいとって、口におしこんで飲みこみます。

カラの手入れ（グルーミング）とキズのなおし方

動物が身づくろいや毛づくろいをするように、カタツムリにも「グルーミング」行動があります。また木から落ちたり、捕食者におそわれてカラがわれると、粘液で膜をはってなおしますが、キズの大きさや位置によっては、なおるよりも先に体がひからびて死にます。

カラに穴があいたり、表面がはげた **エゾマイマイ**（→P.12）×1.0

カラの入口をなめる **コベソマイマイ**（→P.18）×1.0

穴がカラの中央部で大きかったので、膜をはってもなおるよりはやく、体がひからびました。

ケース内のしめりすぎで、カラの表面の皮②がふやけて、むけました。この皮は再生しません。

②カラの表面の皮➡カタツムリのカラの表面は、色やもようがあらわれるキチン質のうすい皮でおおわれていて、白く見えるところは石灰質です。この例では表面の皮がふやけてむけましたが、老化により水分や粘液が不足したり、皮そのものが古くなるとむけることがあるようです。

交尾と恋矢を見るために

まず、頭りゅう（大触角の間にできるコブ）が出ます

頭りゅうは1匹で飼育していても出すことがあるので、注意して観察しましょう。
同じ種類の成貝を2匹以上飼育していたら、交尾行動が見られるかもしれません。
交尾では、たがいの生殖器を交えて、精子をやりとりします。

頭りゅうと恋矢は、出すこともあれば出さないこともあります

交尾のときに、恋矢を使うことがあります。恋矢②は、両方か片方が出す、あるいはまったく出さないこともあり、使い方は、つついたり、こすったりとさまざまで、交尾のあとに落ちる場合と、落ちない場合があります。

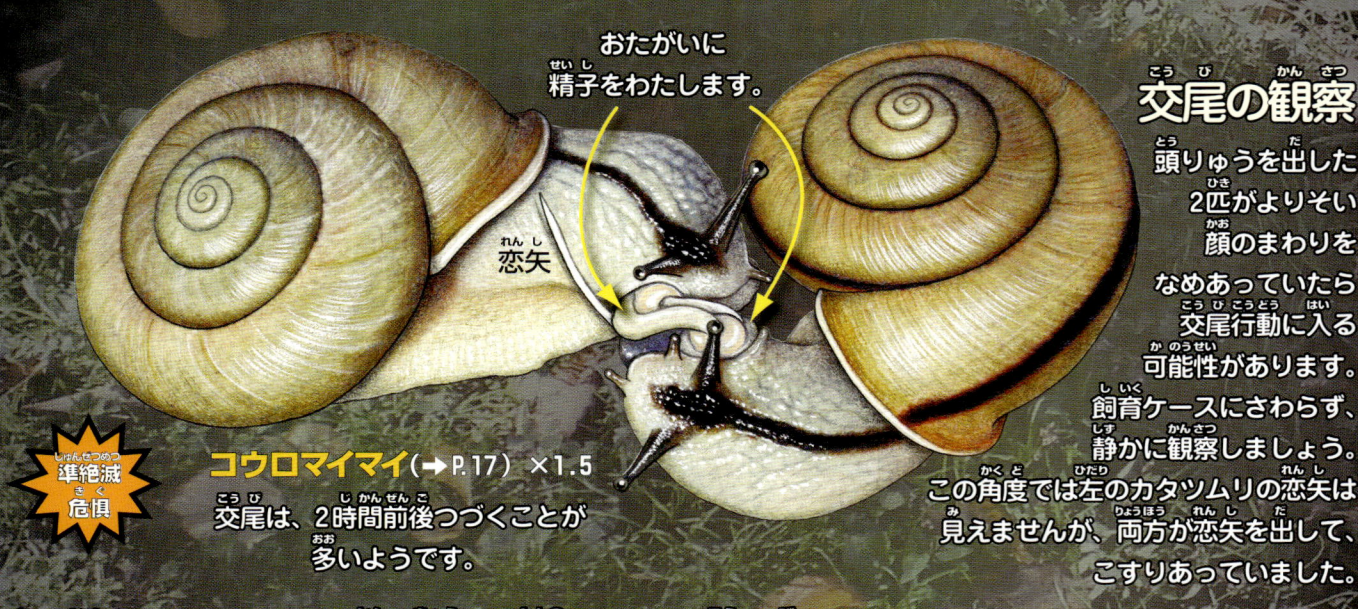

おたがいに精子をわたします。

恋矢

交尾の観察

頭りゅうを出した2匹がよりそい顔のまわりをなめあっていたら交尾行動に入る可能性があります。飼育ケースにさわらず、静かに観察しましょう。この角度では左のカタツムリの恋矢は見えませんが、両方が恋矢を出して、こすりあっていました。

準絶滅危惧

コウロマイマイ（→P.17）×1.5

交尾は、2時間前後つづくことが多いようです。

飼育ケースの環境を整えて交尾をまつ

　カタツムリは、落ち葉がつもってできた腐葉土や、木の幹や石などにはえたコケを食べるので、飼育ケースを野外と同じ環境にするのはむずかしいことです。
　カタツムリがすんでいる環境を再現しようと、採集した場所からもち帰った、土や小石、落ち葉を入れて飼育すると、一緒に入りこんだ小さな虫やダニがふえたり、カビが発生しやすくなります。それを防ぐために、消毒をつづけることはかんたんではありません。
　ティッシュペーパーをしいて飼育することは、不自然な飼い方かもしれませんが、清潔さを保ちながら、交尾やエサの食べ方などの観察がしやすい環境がえられます。

①頭りゅう➡マイマイ属などで見られ、性フェロモンを分泌すると考えられています。出たり引っこんだりし、交尾のときには引っこむようです。
②恋矢➡マイマイ属などで見られ、真っ白な石灰質で刀のように先がとがった形をしています。交尾をするときに、これで相手を刺激します。

交尾は冬眠明けの季節と、冬眠の前にあるようです
コブやトサカのような形など、いろいろな頭りゅう

このページの絵は、すべて原寸です。

← 頭りゅう　　　頭りゅう →

ヒダリマキマイマイ（→ P.14） 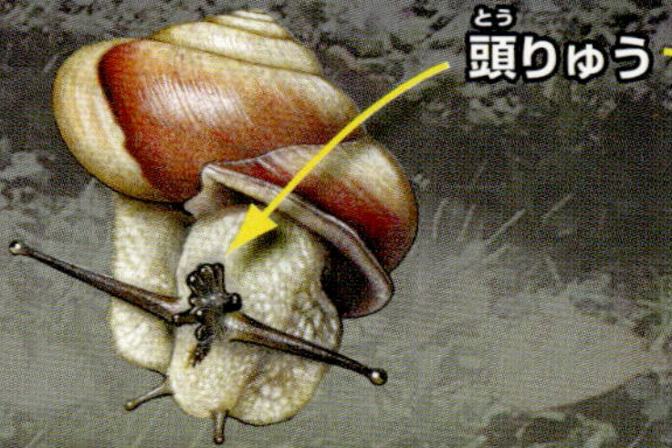　　**クチベニマイマイ**（→ P.16） 　　**タカチホマイマイ**（→ P.19）

恋矢を、出さない交尾

恋矢を、片方だけが出す交尾

ミノマイマイ（→ P.16）
相手をチクチクと刺します。

ヒダリマキマイマイ（→ P.14）

ウスカワマイマイ
（→ P.14）

観察は自然保護の第一歩

　カタツムリの生態は、人々の目にとまりません。そのため、都市化などで、20世紀半ばからカタツムリの居場所がへり、絶滅へと向かっています。カタツムリの生きる環境や生活の多様さを知って、保護しなければ、都市部ばかりではなく、山奥や南海の楽園のような島々でさえ、道路整備や開発などで地域固有のカタツムリが絶滅するでしょう。21世紀初頭の今、私たちの身近にどれくらい陸貝が残っているのかを調べる活動に参加したり、飼育観察などをして、カタツムリがどのような生活をするのか知ることも大切です。そしてそれは、絶滅に向かう生き物を残す第一歩になります。

注）恋矢の観察 → どの種がどのように恋矢を出すのかは、わかっていないようです。10年くらい前から、カタツムリを見かけると飼育をしてきた筆者はこの3年間、60種類を超える陸貝を飼育し、やっといくつかの種類で交尾を観察しました。恋矢の出し方や使い方には、ちがう観察もあると思います。

Ⅳ．飼育と観察で見えてくる生態

野外での観察、カタツムリの敵
カラのキズはどうしてできるのだろう

野外のカタツムリのカラには、へこんだり欠けたりしたキズが見られることがあります。タヌキや鳥におそわれたのなら、そのまま命がないはずです。ころがったり落ちたりして、カラにキズができると考えられます。飼育中に、上から落ちて、カラがわれるカタツムリもいます。

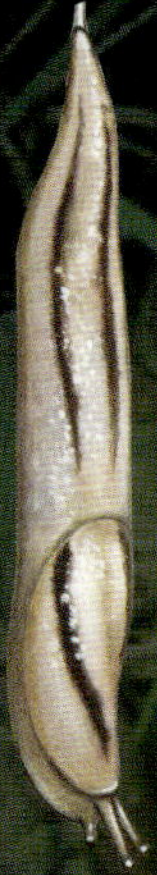

幼貝が冬眠するころ
カラの入口が大きく
欠けたことが
わかるキズあと

キズ
キズ
キズ
×1.0

×1.0

カラにキズが多く、野外で長く生きてきたと思われる成貝で、秋から飼育をはじめました。カタツムリの寿命はあまりわかっていませんが、晩秋に交尾をして、死にました。
若くて元気なカタツムリはみずみずしく、年をとると水分が少なくなるように感じます。

野外で年をとり、カラにキズあとが多く、カラも体も、しめり気が少ない成貝でした。飼育ケースのふたから落ちて、カラがわれて死にましたが、寿命だったのかもしれません。

エゾマイマイ（→P.12）

クチベニマイマイ（→P.16）

粘液を糸のようにして空中にぶらさがり、街路樹の上から道端の草におりてきた

チャコウラナメクジ
（→P.8）幼体 ×1.0
外来種

雨上がりの街路樹に、チャコウラナメクジが、次から次へとのぼっていることがあります。
しかし、くだっているのは、これまで見たことがありません。
日が暮れてから、木の幹をはっておりたり、粘液の糸にぶらさがっておりるか、枝から落ちるのかもしれません。

外来種
チャコウラナメクジ 成体

① 落ちるナメクジ➡飼育ケースのフタに止まっていたナメクジが、頭の方から少しずつはがれるように、体をはなしていき、最後にボロッと落ちるのを観察しました。落ちるという移動手段もあるようです。 ② タヌキ➡この写真は、東京都文京区の公園にむかしからすんでいるタヌキ。
③ ダニの駆除➡採集したカタツムリにダニがついていたら、そのカタツムリだけ別の容器で飼育します。ダニを見つけるたびに水をふきつけて、ダニ

木の実が落ちるようにカタツムリも落ちる？

人は木にのぼると、木の幹をあとずさりしております。ヘビが、木の枝からバサッと落ちてくることもあります。カタツムリも、落ちて移動するのかもしれません。しかし、岩や舗装道路に落ちれば、われてしまうでしょう。地面が土や落ち葉なら問題がなくても、山奥まで舗装道路がある現在では、カタツムリにとって思いがけない事故になるのかもしれません。

カタツムリを食べる生き物

タヌキやネズミ、カラスなどの鳥のほか、陸生ボタルの幼虫、マイマイカブリ、コウガイビルのなかま、セダカヘビなどが食べます。

都市部でも、公園や社寺林にすみ、陸貝や、淡水貝のカワニナも食べます。
タヌキ② 幼獣。おもに夜、活動します。

コウガイビル の 一種 ×1.0
日本では何種類か知られ、森林から市街地まで、しめり気のある場所に生息します。

マイマイカブリ ×1.0
むねの部分が細長く、カタツムリのカラに頭をつっこんで食べます。日本固有のグループで、何種類かが知られています。

キセルガイやナメクジなどは、飼育ケースの中で、共食いが見られました。

ナミギセル (→ P.7)

ナミギセル ×1.0
数匹飼育中に、カラに原因不明の穴があいて死んだもの。

アワマイマイ (→ P.18) ×1.0

ダニの駆除③

採集したカタツムリにダニがついていたら、きりふきで水をふきかけて落とします。飼育ケース内に落ちたダニはティッシュなどでふきとり、いなくなったことを確認してから、カタツムリをもどします。ダニを見つけるたびに落としていると、ダニはいなくなります。

「自然の最大の敵は人間」を、「自然と共生する人間」へ！

21世紀になって、多くの人々が自然環境の保全について考えるようになりました。環境省につづいて都道府県もレッドデータブックを発行し④、地域のさまざまな生き物が絶滅を心配されている現状が明らかになってきています。これらの情報を参考にして、身近なところに残されている一つ一つの生き物たちの命を、将来にひきつぎ「共生」していくことが大切です。

を落とすことをくり返すと、ダニはいなくなりますが、そのようなカタツムリはまもなく死にます。弱ったカタツムリにダニがつくようです。
④ 都道府県のレッドデータブック ➡ 環境省にならい、都道府県や一部の市町村や学会でも、レッドデータブックを出しているので、地元の資料を調べてみましょう。全国ではリストにのっていなくても、地元では絶滅のおそれがあるとされるものもたくさんいます。

Ⅳ．飼育と観察で見えてくる生態

希少種・絶滅危惧種とは？

カタツムリのなかまは、地域ごとに長い年月をかけさまざまな種類が進化しています。限られた場所や特殊な環境にしか見られない希少種もあり、多くの種類の絶滅が心配されています。

環境省は、すでに絶滅するおそれがきわめて高いものを「絶滅危惧Ⅰ類」、そのおそれが高まりつつあるものを「絶滅危惧Ⅱ類」（あわせて「絶滅危惧種」といいます）、将来、絶滅危惧種になると予想されるものを「準絶滅危惧」に指定しています。

地域ごとに特徴をもった陸貝を「地域の宝物」として大切にすることで、地域の生物多様性を守り引きついでいきましょう。

1 地元のレッドデータブックを調べる

絶滅のおそれの程度は、地域によってちがうことがあります。都道府県で出されているレッドデータブックを調べ、地元の状態を確認することが大切です。

2 外来種の駆除

バランスをくずしてふえすぎた外来種を駆除することもありますが、在来種がまきぞえにならないよう注意しましょう。

3 絶滅危惧種の保護

絶滅が心配される種類がふえています。未来の子どもたちが、今いる陸貝にあえるよう、生息場所とともに大切に守りましょう。

V 人間とのかかわり

カタツムリを食糧にする国もありますが、日本人には人気がなく、食用目的だったアフリカマイマイは野生化し、今では駆除対象です。一方、カタツムリのカラのよごれが、雨で自動的に落ちるしくみを外壁材に応用した例や、化粧品の素材になった例などもあります。

庭先にすむカタツムリ

乾燥に強い外来種を多く見かけます

ウスカワマイマイ ×2.0

1. 草や木の苗、土にまぎれてやってくる

外来種のなかには、地域にもともとすんでいる在来種①とくらべて、はるかに乾燥に強いものがあり、そのような種類は、農耕地や庭先などに広がっていきます。

ウスカワマイマイ ×3.0

オナジマイマイ科
北海道（南部）以南の全国に分布。在来種の中では乾燥に強く、開けて乾燥した農耕地でも大量に発生し、害虫として駆除されることがあります。

交尾

チャコウラナメクジ 外来種
（→P.8） ×2.0

トクサオカチョウジガイ 外来種 ×2.0

オカクチキレガイ科
東南アジア原産の外来種で、国内では本州（中部）以南の各地に分布。住宅地の庭先や開けた空地にもよく侵入し、繁殖しています。

オオクビキレガイ 外来種
（→P.18） ×1.5

コハクガイ 外来種 ×2.0

コハクガイ科
北アメリカ原産の外来種で、ほぼ全国に分布。トクサオカチョウジガイと同様に住宅地の庭先や開けた空地にもよく侵入し、繁殖しています。

大繁殖し、園芸植物や野菜に食害

日本の陸貝は分布の限られた固有種が多く、そのほとんどが乾燥に弱く、しめった環境で落ち葉や藻類を食べています。畑や果樹園などの農耕地は、開けすぎて乾燥が強いため、たいがいの在来種は侵入できません。しかし、乾燥に強い種類（おもに外来種）は農耕地に入りこみ、園芸植物の鉢や農作物の苗などにまぎれて、各地へと分布を拡大しています。乾燥に強い種類にとって、農耕地や庭先は、豊富なエサがらくにとれる場所です。さかんに繁殖し、作物に被害をあたえるようになることから、駆除されています。

①在来種➡ある地域にもともとすんでいた生き物を「在来種（在来生物）」とよびます。それに対して、人の手によって本来の分布域の外側へとつれてこられた生き物は、「外来種（外来生物）」、あるいは「帰化生物」とよばれます。

Ⅴ．人間とのかかわり

サツマイモ、サトウキビ、茶の木とともにひろがりました

2. 農作物とともに世界中にひろがった外来種

日本にどのように侵入したかは、わかっていません。

オナジマイマイ オナジマイマイ科
東南アジア原産の外来種で、北海道（南部）以南の全国に分布し世界の温帯から熱帯に広がっています。住宅地や農耕地など開けた環境に生息し、成長が早く、生後100日くらいで繁殖が可能です。

×2.0　×1.0　外来種

3. 食用外来種のもちこみ

ヒメリンゴマイマイ（プチグリ） リンゴマイマイ科
ヨーロッパ原産。食用カタツムリで有名なエスカルゴのなかまで、生きたままでの国内へのもちこみが禁止されています。食用カタツムリとして養殖され、輸入されたアメリカ・カリフォルニア州では、かんきつ類に大きな被害が出ています。2008年10月に、大阪府内でたまたま見つかり、翌年、団地の広い範囲の植えこみで大増殖していることがわかりました。団地住民の協力をえて、植物防疫所による徹底した駆除が行われ、大発生は終息に向かっています。2011年現在、国内のほかの場所での発生は知られていません。

×1.0　外来種

飼育した外来種（国内外来種）をはなさない

南西諸島と小笠原諸島へ食用としてもちこまれたアフリカマイマイは、野外に逃げ出して、深刻な農業害虫になっています。そのため、国外からのもちこみだけでなく、国内での移動も禁止されています。しかしそのことを知らない旅行者が、成貝を2匹、沖縄みやげにして飼育し、4カ月後には150匹にもふえた事件が2001年にありました。このような外国原産の種類だけでなく、国内原産の種類でも、ほかの地域からもち帰ったものは国内外来種になります。もとの場所に逃がす以外は、責任をもって最後まで飼育しましょう。

② 最後まで飼育します→同じ種類のカタツムリでも、地域ごとに姿・形にちがう特徴があるのは、遺伝子もちがっていることの表れだと考えられます。同じ種類で別の地域のものを一緒にして飼育すると、交尾して遺伝子がまざった卵がうまれてしまうおそれがあるので、別々に飼育します。

身近な絶滅危惧種を知り、

この本で紹介した在来種のカタツムリのなかま
各都道府県のみの指定が

アマノヤマタカマイマイ
ウラキヤマタカマイマイ
オキノエラブヤマタカマイマイ
トクノシマヤマタカマイマイ
ナタマメギセル
オキナワヤマタカマイマイ
オモロヤマタカマイマイ　トウガタホソマイマイ
リュウキュウギセル　タイシャクギセル

このページの絵は、すべて原寸です。

掲載種一覧

和名	学名	指定都道府県数	環境省カテゴリー	掲載ページ
アオミオカタニシ	Leptopoma nitidum	(1)	準絶滅危惧	P.9
アオモリマイマイ	Euhadra aomoriensis			P.13
アズキガイ	Pupinella rufa	(8)		P.52
アマノヤマタカマイマイ	Satsuma amanoi	(1)	絶滅危惧Ⅰ類	P.21
アワマイマイ	Euhadra awaensis			P.18
イズモマイマイ	Euhadra idzumonis	(1)		P.17
イッシキマイマイ	Satsuma caliginosa caliginosa	(1)	準絶滅危惧	P.20
イブキクロイワマイマイ	Euhadra senckenbergiana ibukicola			P.16
イブキゴマガイ	Diplommatina labiosa labiosa	(3)		P.15
ウスカワマイマイ	Acusta despecta sieboldiana			P.48
ウラキヤマタカマイマイ	Satsuma hemihelvus	(1)	絶滅危惧Ⅰ類	P.21
エゾマイマイ	Ezohelix gainesi			P.12
オオカサマイマイ	Videnoida horiomphala		準絶滅危惧	P.20
オオギセル	Megalophaedusa martensi	(6)		P.7
オオケマイマイ	Aegista vulgivaga vulgivaga	(1)		P.16
オオシママイマイ	Satsuma lewisii lewisii	(1)		P.19
オオトノサマギセル	Mundiphaedusa rex		準絶滅危惧	P.14
オカチョウジガイ	Allopeas clavulinum kyotoense	(1)		P.22
オカモノアラガイ	Succinea lauta	(1)		P.13
オキナワヤマタカマイマイ	Satsuma largillierti	(1)	絶滅危惧Ⅱ類	P.20
オキノエラブヤマタカマイマイ	Satsuma erabuensis	(1)	絶滅危惧Ⅱ類	P.21
オゼマイマイ	Euhadra brandtii roseoapicalis			P.13
オモロヤマタカマイマイ	Satsuma omoro	(1)	絶滅危惧Ⅱ類	P.21
カサキビガイ	Trochochlamys crenulata			P.22
カドバリヒメマイマイ	Ainohelix editha			P.12
キセルガイモドキ	Mirus reinianus	(11)		P.7
ギュリキギセル	Stereophaedusa addisoni			P.19
ギュリキマイマイ	Euhadra eoa gulicki	(4)		P.16
クチベニマイマイ	Euhadra amaliae	(2)		P.16
クマドリヤマタカマイマイ	Satsuma adelinae	(1)	準絶滅危惧	P.21
クロイワマイマイ	Euhadra senckenbergiana	(2)		P.15
ケショウマイマイ	Trishoplita optima	(1)	絶滅危惧Ⅰ類	P.18
コウダカシロマイマイ	Trishoplita cretacea			P.17
コウロマイマイ（ヒメコウロマイマイ型）	Euhadra latispira yagurai	(1)		P.17
コウロマイマイ	Euhadra latispira yagurai		準絶滅危惧	P.17
コガネマイマイ	Euhadra sandai okanoi	(3)		P.16
コベソマイマイ	Satsuma myomphala myomphala	(3)		P.18
ゴマガイ	Diplommatina uzenensis cassa			P.22
サッポロマイマイ	Euhadra brandtii sapporo		準絶滅危惧	P.12
サンインマイマイ	Euhadra dixoni			P.17
シモダマイマイ	Euhadra peliomphala simodae			P.14
シュリマイマイ	Coniglobus mercatorius	(1)		P.20
セトウチマイマイ	Euhadra subnimbosa			P.18
タイシャクギセル	Stereophaedusa costifera	(2)	絶滅危惧Ⅰ類	P.7
ダイセンニシキマイマイ	Euhadra sandai daisenica	(1)		P.17
タカチホマイマイ	Euhadra nesiotica	(1)		P.19
タワラガイ	Sinoennea iwakawa	(3)		P.22
ツクシマイマイ	Euhadra herklotsi herklotsi			P.19
ツルガマイマイ	Euhadra latispira tsurugensis	(2)		P.29
トウガタホソマイマイ	Pseudobuliminus turrita	(2)	絶滅危惧Ⅱ類	P.20
トウキョウコオベソマイマイ	Aegista tokyoensis	(2)	準絶滅危惧	P.14
トクノシマヤマタカマイマイ	Satsuma tokunoshimana	(1)	絶滅危惧Ⅱ類	P.21
ナガシリマルホソマイマイ	Buliminopsis meiacoshimensis		準絶滅危惧	P.20

地域でできる保護を考えよう

81種の内、絶滅危惧Ⅰ・Ⅱ類の合計が13、準絶滅危惧が13、31で総計57、全体の70％に何らかの指定があります

ケショウマイマイ

環境省のレッドリストの分類で、絶滅危惧指定の種を赤、準絶滅危惧指定の種をオレンジの文字で記し、各都道府県のレッドデータブックに記載されている件数を（　）内に記入し、各都道府県による指定のみの場合は黄色の文字で記しました。

ミヤマヒダリマキマイマイ　　ミカワマイマイ

何も指定のない種は24種

絶滅などの指定がない種でも、過去のデータがそろわずくらべられない場合もあります。そこにいたことも知られずに、絶滅していてもわからない種もあるでしょう。

和名	学名	指定都道府県数	環境省カテゴリー	掲載ページ
ナタマメギセル	Luchuphaedusa ophidoon	(1)	絶滅危惧Ⅱ類	P.7
ナミギセル	Stereophaedusa japonica			P.7
ナミコギセル	Euphaedusa tau tau	(3)		P.7
ナミマイマイ	Euhadra sandai communis	(2)		P.16
ニシキマイマイ	Euhadra sandai sandai			P.6
ニッポンマイマイ	Satsuma japonica	(1)		P.38
ハコネギセル	Pinguiphaedusa hakonensis			P.7
ハリママイマイ	Euhadra congenita			P.6
ヒタチマイマイ	Euhadra brandtii brandtii	(2)		P.14
ヒダリマキマイマイ	Euhadra quaesita			P.14
ヒメタマゴマイマイ	Satsuma pagodula	(1)	準絶滅危惧	P.16
ヒメマイマイ	Ainohelix editha			P.12
ヒラマイマイ	Euhadra eoa eoa			P.15
ミカドギセル	Tyrannophaedusa mikado	(3)	準絶滅危惧	P.7
ミカワマイマイ	Euhadra scaevola mikawa	(2)	絶滅危惧Ⅱ類	P.15
ミジンマイマイ	Vallonia costata	(7)		P.22
ミスジマイマイ	Euhadra peliomphala peliomphala			P.14
ミチノクマイマイ	Euhadra grata gratoides	(2)	準絶滅危惧	P.13
ミノマイマイ	Euhadra senckenbergiana minoensis	(1)		P.16
ミヤマヒダリマキマイマイ	Euhadra scaevola scaevola	(6)	絶滅危惧Ⅱ類	P.15
ムツヒダリマキマイマイ	Euhadra decorata			P.13
ヤハタマイマイ	Euhadra sandai yahatai	(1)		P.18
ヤマキサゴ	Waldemaria japonica	(6)		P.22
ヤマクルマガイ	Spirostoma japonicum japonicum	(6)		P.9
ヤマタカマイマイ	Satsuma papilliformis	(3)	準絶滅危惧	P.17
ヤマタニシ	Cyclophorus herklotsi	(2)		P.9
ヤマナメクジ	Meghimatium fruhstorferi	(1)		P.39
リュウキュウギセル	Luchuphaedusa inclyta	(1)	絶滅危惧Ⅰ類	P.7

和名	学名	掲載ページ
●外来種のカタツムリのなかま		
アシヒダナメクジ	Laevicaulis alte	P.19
アフリカマイマイ	Achatina fulica	P.19
オオクビキレガイ	Rumina decollata	P.19
オナジマイマイ	Bradybaena similaris	P.40
コハクガイ	Zonitoides arboreus	P.48
チャコウラナメクジ	Lehmannia valentiana	P.8
トクサオカチョウジガイ	Paropeas achatinaceum	P.48
ヒメリンゴマイマイ（フチグリ）	Helix aspersa	P.49
●外国のカタツムリ		
オオサカダチマイマイ	Anostoma octodentatus	P.23
キグチパプア	Papuina xanthocheilus	P.23
サオトメイトヒキマイマイ	Liguus virgineus	P.23
ハデイトヒキマイマイ	Liguus blainianus	P.23
ミドリパプア	Papuina pulcherrima	P.23
●軟体動物のなかま		
アサリ	Ruditapes philippinarum	P.3
カセミミズ	Epimenia babai	(1) P.2
カワニナ	Semisulcospira libertina	P.7
ケハダウミヒモのなかま	Caudofoveata sp.	P.2
セイスイガイ　学名なし（未記載の新種）		P.2
タコブネ	Argonauta hians	P.3
ハダカカメガイ（クリオネ）	Clione limacina	P.3
ヒザラガイ	Acanthopleura japonica	P.2
ヤカドツノガイ	Dentalium (Paadentalium) octangulatum	P.3
●カタツムリの敵の生き物		
コウガイビルの1種	Bipalium sp.	P.45
マイマイカブリ	Damaster blaptoides	P.45

Ⅴ．人間とのかかわり

やむをえない場合はすむ場所を移転する

陸貝の引っ越しは、保護のための最後の手段です。

陸貝は、移動範囲がせまい生き物です。生息環境がかわったり、開発などで生息場所が失われるといなくなってしまいます。もし、地域特有の陸貝の生息場所が失われることになったら、その陸貝の引っ越しを考えることが必要かもしれません。

引っ越し先としては、大規模な造成によってつくられたために、陸貝がいなくなった都市公園や緑地帯などが候補になります。

陸貝がすむのに適した環境があれば、同じ種類の陸貝がいないことを確認して、国内外来種問題がおこらないよう、慎重にとりくみ、実行することが大切です。

保護へのとりくみ

京都府でのアズキガイの引っ越し

×3.0　×1.0
触角が2本のグループ

アズキガイ アズキガイ科

本州（長野県、静岡県以西）、四国、九州などに分布。森林から比較的開けた場所にも生息。京都府では絶滅のおそれがある種に選ばれています。

移動はしないのが基本。でも、必要なら、できるだけ慎重に。

石の裏にたくさん集まって冬眠中のアズキガイ①

現在の生息場所（府が所有する空地）。住宅地として開発される予定。

引っ越し先の候補となる新たに造成された土手。（引っ越しで悪影響をうける陸貝がいないか調査しています）

①アズキガイ➡環境省の指定はありませんが、京都府では絶滅危惧種です。現在、城陽市（京都府）内で絶滅寸前の本種を、近隣の造成地に移転する準備が進んでいます。

さくいん

あ
- 亜熱帯林…21
- イカの甲…37、40
- エピフラム…27
- エリ…26、27、30
- 塩土…37、41
- 沖縄地方…20
- 斧足類…3

か
- 外国のカタツムリ…23
- 外套膜…8、26
- 外来種…19、49
- 火炎彩…14、16、33
- 殻径…28
- 殻口…28
- 殻高…28
- 顎板…26、41
- カタツムリのあしあと…30
- カルシウム…36、37、40
- 関東地方…14
- 広東住血線虫…19
- 希少種…46
- キズのなおし方…41
- 九州地方…19
- 近畿地方…16
- 掘足類…3
- グルーミング…41
- 掲載種一覧…50、51
- 原始紐舌目…9
- 原始腹足目…9
- 交尾…42、43
- 溝腹類…2
- 呼吸孔…8、27

さ
- 国内外来種…49
- 在来種…48
- 里のカタツムリ…32
- 山地型…32
- 色帯…29
- 四国地方…18
- 歯舌…26、41
- 雌雄異体…9
- 雌雄同体…6
- 樹上性…6、14、23、33
- 種分化…13
- 準絶滅危惧…46、50、51
- 触角…6、7、8、9
- 浸透圧…8
- 成貝…28、29、38、39
- 成長脈…27、33
- 成長脈とよごれ防止…26
- セダカヘビ…13
- 絶滅危惧種…46、50、51
- 前鰓亜綱…9
- 足波…30

た
- 胎殻…28
- ダニの駆除…44、45
- 多板類…2
- 卵…37、38、39
- 単板類…2
- 小さなカタツムリ…22
- 稚貝…28、38
- 地上性…14、23
- 中国地方…17
- 中腹足目…9
- 中部地方…15
- 頭足類…3
- 東北地方…13
- 冬眠痕…28、29
- 頭りゅう…42、43
- 突然変異…7、13

な
- 軟体動物…2
- 粘液…30、31、44

は
- はみあと…10、26
- 半樹上性…6
- 尾腔類…2
- 左巻き…6、7、13
- ふ化…38、39
- 腹唇…26、41
- 腹足…3
- 腹足類…3
- 斧足類…3
- 腐葉土…22
- フン…27、40
- 柄眼目…6
- 平地型…6、32
- へそ穴…27、29
- 北海道地方…12
- ボレー粉…36、37、41

ま
- 巻貝…3
- 右巻き…6、7、13

や
- 山のカタツムリ…32
- 有肺亜綱…6
- 幼貝…28
- 幼生…38

ら
- 卵生…38、39
- 卵胎生…38、39
- 陸貝…6
- 恋矢…42、43

監修のことば

滋賀県立琵琶湖博物館
中井 克樹

　私が「よくわかる生物多様性」シリーズを監修することになったのは、カタツムリの専門家としてアトリエ モレリのみなさんと、細密画図鑑を制作する準備に何年も前からとりかかっていたことがきっかけでした。カタツムリをはじめとする陸貝の生きている姿を描いてもらうため、北海道から九州まで各地へ出かけるたびに、細密画のモデルを探し歩くことになりました。また、博物館の収蔵庫からは、姿・形の多様性や地域によるちがいを紹介するために、これまでに収集した標本も引っぱり出してきました。

　生き物好きの画家たちは、アトリエで生きた陸貝と向きあって、私たち専門家でも知らない生態や行動を次々に発見し、私は彼女たちの観察眼の鋭さにあらためて脱帽しました。

　細密画にそえられた解説文には、これまでのカタツムリの図鑑や絵本では紹介されたことのない、専門的な内容もふくまれています。私自身、カタツムリへの深い思い入れがあるために、監修者としてだけでなく著者のひとりのような形で関わった箇所も少なくないことを、ここに申しそえておきたいと思います。

　みなさんのまわりでも、いろいろな陸貝が見つかると思います。ところが、札幌、仙台、東京、名古屋、大阪、広島、高松、福岡、那覇…。それぞれの地域で身近に見られるカタツムリには、ほとんど共通の種類がないという事実は驚くべきことです。だからこそ、地域の宝物としての生物多様性を守っていくためにも、その場所に特有な陸貝へもまなざしを向けてほしいと思います。

セトウチマイマイ

このページの写真は、島根県益田市で午前7時に出会ったセトウチマイマイを撮ったものです。今こうした記録写真は、簡単に撮れるようになりました。みなさんの身近な場所で、出会った生き物たちを記録にとどめることも、自然への思いを深め、保護へのとりくみの基本にもなります（監修者談）。

謝辞・参考文献

博物画家、環境教育アドバイザー
中山 れいこ

　私たちが、生き物を題材に絵を描きたくなるのは、「えっこれなあに！」と思った瞬間です。本を調べてもわからない。生物学の専門書にも書かれていない…すると、猛然と描きたくなるのです。しかし、カタツムリには、ふしぎが多すぎて…

　本としての形になるまで10年かかりました。どんな本になるかも決めず、中井先生に色々とおたずねするようになって、8年くらいになりますが、やっと出版できました。中井先生ありがとうございました。

　そして、私が最初の出版物『かえるよ！アゲハ』を執筆していた2000年の夏の終わり、当時、滋賀県立大学の学長になられたばかりの日高敏隆先生に、サナギについてご指導いただいてから、2009年秋にお亡くなりになられるまで、さまざまにご指導いただいたことが、本シリーズのもとになっています。先生ありがとうございました。先生が「面白いよね、その見方」とおっしゃってくださった眼差しで、これからもずっと書いて（描いて）いきます。

　この本に陸貝や、軟体動物を描くために取材でおうかがいした、鳥羽水族館、東京大学三崎臨海実験所、日本貝類学会平成22年度大会、西宮貝類館にご関係の皆様、この本を書くことを助けていただきました諸氏、出版社の方々に深くお礼申しあげます。

- ●『動物系統分類学 第5巻（上）軟体動物（Ⅰ）』内田亨・山田真弓/監修（中山書店）
- ●『動物系統分類学 第5巻（下）軟体動物（Ⅱ）』内田亨・山田真弓/監修（中山書店）
- ●『原色日本貝類図鑑』吉良哲明（保育社）
- ●『かたつむりの世界 [マイマイ属]』川名美佐男（近未来社）
- ●『貝の博物誌』（東京大学総合研究博物館の展示「貝の博物誌」図録） 佐々木猛智
- ●『エコロン自然シリーズ 貝』波部忠重・小菅貞男（保育社）

このページの背景の写真は、東京大学三崎臨海実験場の日本海洋生物学百周年記念館内にある実習室です。海を見渡しながら、好きな生き物が観察できる素晴らしい環境です。父方の一族が神奈川県の金沢八景出身のため、DNAにすりこまれているのか、この実験場周辺の海をながめるとホッとします。

著者・監修者紹介

著者　中山 れいこ

博物画家、図鑑作家、環境教育アドバイザー、グラフィックデザイナー。博物画の製作・普及などを行うアトリエモレリを主宰。ボランティアグループ「緑と子どもとホタルの会」代表。東京で育ち、幼少のころより生物相の豊かな生態系を目のあたりにし、植物や昆虫に関心を持つ。1966年頃から書籍作りや執筆業を手がけ、99年に作った手製の本『アゲハの飛んだ日』がきっかけで図鑑作家となる。

著書に
『カメちゃんおいで手の鳴るほうへ（共著）』（講談社）、『小学校低学年の食事〈1・2年生〉』（ルック）、『ドキドキワクワク生き物飼育教室』　①かえるよ！アゲハ　②かえるよ！ザリガニ　③かえるよ！カエル　④かえるよ！カイコ　⑤かえるよ！メダカ　⑥かえるよ！ホタル（リブリオ出版）、『よくわかる生物多様性1　未来につなごう身近ないのち』（くろしお出版）など。

監修　中井 克樹

京都大学大学院理学研究科博士後期課程 研究指導認定退学。博士（理学）。現在、滋賀県立琵琶湖博物館 研究部生態系研究領域・主任学芸員。専門分野は、外来生物を対象とした生態的影響の解明および防除・抑制方法の開発、希少淡水生物の保全、陸産貝類の分布と生態など。環境省絶滅のおそれのある野生動植物種の選定・評価検討会（陸・淡水産貝類分科会）委員、農林水産省東海農政局外来貝類被害防止対策検討委員会 委員長などを務める。

編・著作・監修に
『外来生物 つれてこられた生きものたち』（滋賀県立琵琶湖博物館）、『外来種ハンドブック』（地人書館）、『野生生物保護の事典』（朝倉書店）、『外来生物の生態学―進化する脅威とその対策』（文一総合出版）、『よくわかる生物多様性1　未来につなごう身近ないのち』（くろしお出版）など。

企画

ブックデザイン／　森 孝史・中山 れいこ
編集・構成／　アトリエ モレリ　中山 れいこ　黒田 かやの　松尾 宗征　豊岡 寛之　平井 貴之
イラスト／　荒井 もみの　中山 れいこ　角海 千秋　豊岡 寛之　平井 貴之　松尾 宗征　大橋 聖矢

協力

この本のイラストを描くための標本や生き物の写真を拝借した方々、生き物を見つけるためにご協力をいただいた方々、そして誌面を構成するためにご協力をいただいた方々です。ありがとうございました。

赤坂 甲治　池田 和希　糸崎 公朗　上島 励　大原 健司　狩野 泰則　木村 昭一　久保 弘文　黒田 ふゆ子　甲塚 久典　神山 佳奈枝　小林 麻理子　斎藤 寛　佐久間 利光　佐々木 猛智　関藤 守　大洞 健史　中野 敬一　平野 弥生　古田 正美　森滝 丈也　横山 雅司

よくわかる生物多様性2
カタツムリ　陸の貝のふしぎにせまる

2011年4月1日　第1刷

著　　者　中山 れいこ
総 監 修　中井 克樹
発 行 者　さんど ゆみこ
発 行 所　株式会社 くろしお出版
　　　　　〒113-0033　東京都文京区本郷3-21-10
　　　　　TEL 03-5684-3389　FAX 03-5684-4762
　　　　　URL http://www.9640.jp　E-mail kurosio@9640.jp
印 刷 所　音羽印刷株式会社　／　製版　株式会社 日本文教新報社
装　　丁　森 孝史
制　　作　アトリエ モレリ

Ⓒ Reiko Nakayama 2011 Printed in Japan
定価はカバーに表示してあります。落丁・乱丁はおとりかえいたします。
本文中の記述、図については、無断転載・複製を禁じます。
ISBN 978-4-87424-521-7 C0645

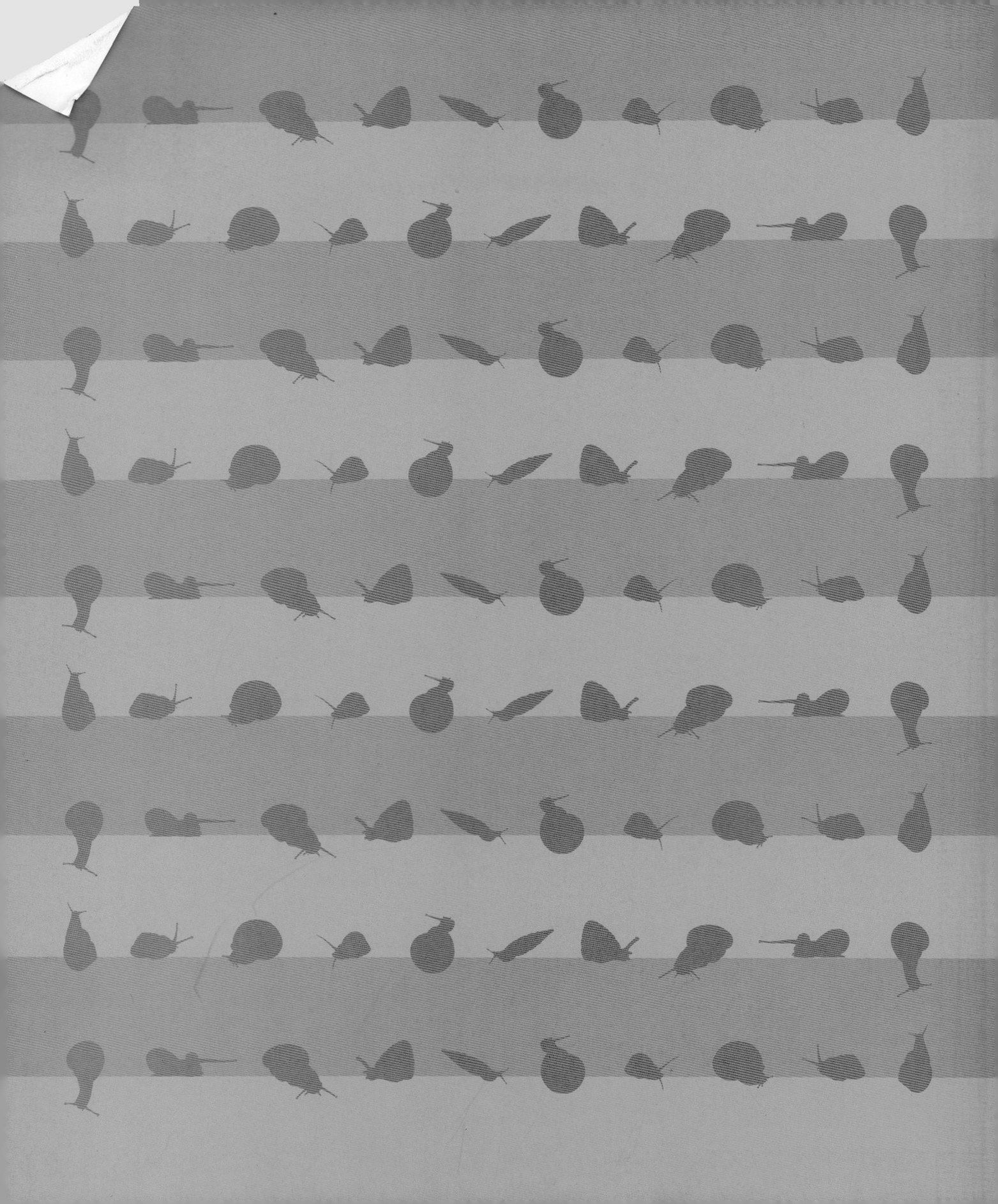